John Briggs
CHAOS

John Briggs

CHAOS

Neue Expeditionen in fraktale Welten

Aus dem Amerikanischen übersetzt von
Friedrich Griese, Karlheinz Dürr,
Ulrich Mihr und Barbara Schweighofer

Carl Hanser Verlag

Titel der Originalausgabe:
Fractals. The Patterns of Chaos
Simon and Schuster, New York
© 1992 John Briggs

1 2 3 4 5 97 96 95 94 93

ISBN 3-446-17462-1
© 1993 Carl Hanser Verlag München Wien
Satz: Büro Dr. Ulrich Mihr, Tübingen
Druck und Bindung: Proost N. V., Turnhout
Printed in Belgium

Für Jeff, Ricki und Devin
(Möge er voll Freude diese fraktale Welt erben)

INHALT

Wir stehen am Anfang einer gewaltigen Umwälzung ...
Unsere ganze Naturauffassung wird sich ändern.

—JOSEPH FORD, Physiker, Georgia Tech University

„Die Vorhersage", sagte Mr. Oliver und blätterte, bis er sie
gefunden hatte, „lautet: Wind aus wechselnden Richtungen,
Temperaturen durchschnittlich, gelegentlich Regen." …
In der Verdichtung und Auflockerung der Wolken gab es
keine Berechenbarkeit, keine Symmetrie, keine Ordnung.
Folgten sie ihrem eigenen Gesetz – oder gar keinem Gesetz?

—VIRGINIA WOOLF, Between the Acts.

Chaos und Fraktale sind nichtlineare Phänomene, und deshalb sollten Sie dieses Buch tunlichst nicht linear lesen. Versuchen Sie doch, sich auf Ihrem eigenen fraktalen Weg durch den Text zu schlängeln. Es ist vielleicht ein bißchen chaotisch, wenn Sie hin- und herspringen, aber genau das ist hier das Thema. Verstehen Sie die Logos am Ende der Kapitel als einen Vorschlag, wohin Sie als nächstes springen könnten, um mehr über fraktale oder chaotische Dinge zu erfahren, die mit dem, was Sie soeben gelesen haben, eng zusammenhängen. Dies ist zum Beispiel das Kapitel-Logo für das Mandelbrot-Modul. Nachstehend die Stichworte der übrigen Logos:

· BIOFRAKTALE · NICHTLINEARITÄT · ALL · WETTER · FRAKTALE DIMENSIONEN · MANDELBROT-MENGE · IMITATIONEN · HYBRIDEN · FRAKTALE LANDSCHAFTEN · SELBSTORGANISATION · RÜCKKOPPELUNG · DER FRAKTALE KÖRPER · TURBULENZ · VERANSCHAULICHUNG DES CHAOS · ABSTRAKTE KUNST · NEUE GEOMETRIE · GEHEIM- NISSE DER KUNST

Wir neigen zu der Ansicht, die Wissenschaft habe alles erklärt, wenn sie erklärt hat, wie sich der Mond um die Erde bewegt. Diese Vorstellung vom Universum als einem Uhrwerk hat jedoch nichts mit der realen Welt zu tun.

–JIM YORKE, Physiker an der University of Maryland, der den Begriff „Chaos" prägte.

E I N L E I T U N G

Sichtbare und verborgene Ordnung: Chaos, Fraktale und eine neue Ästhetik

Alle reden vom Wetter. Irgendwie geht es uns alle an. Während wir uns auf unserer Veranda sonnen, kann es in einem anderen Stadtteil regnen. Das Wetter ist veränderlich, im großen und ganzen berechenbar, aber von einem Augenblick zum nächsten nicht vorhersehbar. Es mischt sich in unsere Planungen ein, macht unsere Absichten wahr oder stößt sie um, beeinflußt unsere Stimmung, verbindet uns mit unserer Umwelt und unseren Mitmenschen. Zugleich ist es ein Beispiel für eine geheimnisvolle Ordnung im Chaos.

Einige weitere Beispiele: Die aus der Eiszeit stammende Verteilung der Findlinge in der Landschaft, die, von Flechten und Moosen bedeckt, aus dem Boden ragen. Das Gewirr der Äste und Zweige an den Bäumen, die auf einer Lichtung wachsen. Ein Blitzstrahl, der den Himmel durchzuckt. Schwalben, die sich wie hingestreut in

Selbstähnliche Formen im Hinterhof des Fotografen Joseph Cantrell. Fraktale beschreiben, was im Grenzbereich zwischen Ordnung und Chaos passiert, etwa mit diesen Blättern zwischen Leben und Tod. Cantrells Kamera gibt die Ästhetik dieser zufälligen Anordnung wieder und macht den Betrachter mit fraktalen Objekten vertraut.

Dieses „Herbstlaub" stammt von absterbenden Algenzellen; aufgenommen hat es der Biologe Peter Siver. Die surrealen Plättchen erscheinen hier zwar nicht durchsichtig, sind aber eigentlich Glasschuppen, welche die mikroskopisch kleinen Frischwasseralgen aus Sand aufbauen, ausscheiden und spiralförmig an ihren Körper anlagern, um ihn zu schützen, aber trotzdem Sonnenlicht an ihr Chlorophyll zu lassen. Siver trocknete die Algen auf einem Stück Stanniol, und

ihre Glasur zerfiel zu einem zufälligen Muster. Die weder euklidische noch symmetrische Struktur ist irregulär und fraktal. Siver bezeichnet diese Komposition als „Schleiereule" und seine silikonbeschichteten Algen als „aquatische Schneeflocken". Echte Schneeflocken sind, wie sich zeigt, ebenso fraktal. Die winzigen Algenplättchen illustrieren auch die fraktale Skalierung der Natur. In einem kleinen Teich lebt eine Welt innerhalb unserer Welt; und in einem Detail jener Welt steckt abermals eine weitere. Selbst unsere Körper sind aus immer kleiner werdenden Welten zusammengesetzt. Diese Vorstellung ist einer der Schlüssel zu fraktalen Welten.

einem Gelände verteilen, plötzlich mit lautem Gezwitscher auffliegen, sich sammeln und als organisierter Schwarm davonfliegen.

Die verschwenderische Fülle der Formen, die man überall in der Natur antrifft, bereitet den meisten Menschen große Freude, ja sogar geistige Befriedigung; es erscheint fast selbstverständlich, daß den wandelbaren Gestalten der sich brechenden Wellen, des Schwalbenschwarms an einem Sommerabend oder des Wetters eine anregende, beinahe mystische Ordnung innewohnt. Von einer solchen handgreiflichen Ordnung hat die Wissenschaft jedoch jahrhundertelang nichts wissen wollen. Das war durchaus begründet, bestand doch ihre Aufgabe seit langem darin, die Natur zu vereinfachen, ihre tiefere Logik aufzudecken und mit Hilfe dieser Logik die Natur zu unterwerfen.

So komplexe Naturerscheinungen wie das Wetter lassen sich jedoch nicht zerlegen, reinigen und im Labor unter Glas studieren. Ein bestimmter Baum ist das Resultat mannigfaltiger, wechselhafter, einzigartiger Umstände und der verschiedensten Einflüsse, unter anderem Schwerkraft, Magnetfelder, Bodenqualität, Wind, Sonnenstand, Insektenschwärme, menschliche Eingriffe, andere Bäume. Eine bestimmte Welle, die ans Ufer schlägt, wurde von einer solchen Vielzahl „dynamischer", ständig wirksamer Kräfte geschaffen, daß diese gar nicht im einzelnen bestimmbar sind.

Die Welle und der Baum sind dynamische Systeme, Systeme, deren Zustand sich in der Zeit ändert. Solche Systeme sind facettenreich, komplex und unterliegen wechselseitigen Einflüssen. Aus ihrem unablässigen Ringen miteinander entsteht die augenfällige Unregelmäßigkeit und Unvorhersehbarkeit, die unsere physische Umwelt kennzeichnet. Die Wissenschaft sah in dieser Unregelmäßigkeit lange nichts anderes als ein Durcheinander, das die dahinter wirksamen, an die Mechanik eines Uhrwerks gemahnenden wissenschaftlichen Gesetze verhüllt. Nach Überzeugung der Wissenschaftler war es theoretisch möglich, die Vertracktheit solcher Systeme aufzulösen und ihr Verhalten exakt vorherzusagen, wenn man nur genügend Informationen zusammenbekam, um die vielfältigen Ursachen und Wirkungen in ihrem Zusammenspiel genau zu bestimmen. Viele unserer wesentlichen Annahmen über die Natur beruhen, auch wenn die meisten sich dessen nicht bewußt sind, auf dieser wissenschaftlichen Idee.

Im zwanzigsten Jahrhundert hat die Wissenschaft eine überwältigende, an Zauberei grenzende Fähigkeit bewiesen, unsere physische Umwelt zu begreifen und ihrer Kontrolle zu unterwerfen. Die glänzenden technischen Fortschritte unseres Jahrhunderts haben den Glauben genährt, die Wissenschaft werde das, was sie noch nicht über die Natur in Erfahrung gebracht hat, eines Tages herausfinden, und dieses Wissen werde die Naturbeherrschung zwangsläufig erweitern. Auch das Verhalten hochkomplexer dynamischer Systeme würden die Forscher dieser Ansicht zufolge irgendwann mit ihren Formeln und Computern beschreiben können. Jahrzehntelang haben Wissenschaftler unter hohem technischem Aufwand viel Mühe und Scharfsinn in die Erforschung des gigantischen dynamischen Systems gesteckt, das wir „Wetter" nennen – in der von fast allen geteilten Annahme, die Vorhersage werde sich stetig verbessern, wenn man die Messung der vielfältigen Faktoren, die das Wetter beeinflussen, quantitativ und qualitativ verbessert. Doch gerade bei der Wettervorhersage wurde diese grundlegende Annahme eindrucksvoll widerlegt.

EINE MÜCKE MACHT WIND

Edward Lorenz, Meteorologe am Massachusetts Institute of Technology, machte 1961 eine beunruhigende Entdeckung. Er fand heraus, daß die Treffsicherheit einer langfristigen Wettervorhersage durch zusätzliche Informationen über solche Variablen wie Windgeschwindigkeit, Luftdruck, Luftfeuchtigkeit, Temperatur und Sonnenflecken *nicht* gesteigert würde. Wie viele Informationen ein Meteorologe auch zusammentrug, seine Wettervorhersage würde sich dennoch rasch als falsch erweisen. Lorenz führte das darauf zurück, daß dynamische Systeme wie das Wetter aus so vielen wechselwirkenden Elementen bestehen, daß sie selbst auf den winzigsten Faktor äußerst empfindlich reagieren. Die von der Motorhaube eines Autos aufsteigende Wärme oder der Wind, den eine Mücke in Madagaskar mit ihren Flügeln erzeugt, also praktisch alles, was der Meteorologe nicht bei seinen Messungen berücksichtigt, kann ausreichen, um das Verhalten eines Wettersystems zu verändern. Aus Lorenz' Erkenntnis folgte, daß die bisherige Annahme noch stimmte: Komplizierte dynamische Systeme werden tatsächlich durch ihre Ursachen determiniert. Wenn wir imstande wären, all ihre Ursachen zu erkennen, könnten wir ihr künftiges Verhalten durchaus vorhersagen. Aber, so Lorenz' Feststellung, die Zahl der Faktoren, die ein solches System beeinflussen, ist praktisch unendlich. Wie ein Physiker bemerkt hat, sind solche Systeme so empfindlich, daß etwas so Empfindliches wie die Schwerkraftanziehung eines Elektrons am anderen Ende des Universums sie beeinflussen kann. Die Natur ist also vom Chaos bestimmt, aber nicht von einem oberflächlichen Chaos, das sich, wenn wir erst genügend Informationen haben, auf Ordnung reduzieren läßt. Das Chaos der Natur ist vielmehr von grundsätzlicher Art, denn hinreichende Informationen für sein Verständnis werden wir erst dann gewinnen, wenn wir auch noch unsere Bemühungen, zu diesen Informationen zu kommen, berücksichtigen.

Nach Lorenz' Entdeckung stürzten die Forscher sich mit Feuereifer auf alle möglichen dynamischen Systeme, von elektrischen Schwingkreisen bis hin zum menschlichen Gehirn, und sie fanden neue Gesetze. Dadurch änderte sich ihr Bild der Wirklichkeit. Die Wissenschaftler, die die Natur bislang als eine Ordnung verstanden hatten, erforschten in ihr zunehmend das Chaos, auch wenn sie sich nicht gleich über die Bedeutung dieses Begriffs einig waren.

Die meisten Kulturen haben in ihren Mythen und Legenden mit der Vorstellung gerungen, daß Ordnung und Chaos einen ursprünglichen Dualismus darstellen. Nach der christlichen Überlieferung schwebte Gott über der Tiefe (dem Chaos) und schuf das Licht (die Ordnung). Im altbabylonischen Mythos erschlug der Held Marduk die mißtönende Allmutter Tiamat und verwandelte sie in die Ordnung von Himmel und Erde. Von Schiwa, für die Inder der Vater der Ordnung im Himmel, heißt es paradoxerweise, er lauere an chaotischen Stätten des Grauens, auf Schlachtfeldern und an den Orten, wo die Toten verbrannt werden. Nach altchinesischer Überlieferung wird die gewohnte Realität permanent neu erschaffen durch ein Hin- und Herpendeln zwischen Yang, dem lichtbringenden, ordnenden Prinzip, und Yin, der dunklen, empfangenden Fülle, die die gesamte Materie umfaßt. Bei den alten Griechen rang der rationale Apollo mit dem triebhaften, chaotischen Dionysos. Die nordamerikanischen Irokesen entwickelten eine Fülle von dionysischen Geistern, die *gagonsa* oder falschen Gesichter – verzerrte Schreckensmasken, die man aufsetzt, um psychische und physische

Unordnung darzustellen (und zu vertreiben). In der Götterwelt vieler Stammes-
völker findet sich ein gaunerhafter Typus, der die immer wieder auftretenden
Ironien und Täuschungen der Realität darstellt und dadurch die Ordnung unter-
höhlt.

Von einem solchen Abstieg in die nebelhaften Bereiche der Vorstellungen über
das Chaos hielt sich die moderne Wissenschaft, die die Natur auf einige quantifizierbare „Gesetze" hin vereinfachen wollte, weitgehend fern. Doch im neunzehnten Jahrhundert entdeckten die Ingenieure zu ihrem Kummer so etwas wie
ein technisches Chaos. Sie erkannten, daß in ihren Maschinen stets Energie oder
Wärme verlorengeht, woraus Physiker den Begriff des *thermodynamischen Chaos*
entwickelten, das so etwas wie eine gestaltlose Suppe ist, die entsteht, wenn
heiße, organisierte Moleküle gerichteter Energie sich abkühlen, langsamer werden und schließlich wahllos durcheinandertaumeln. Diese Form von Chaos nennt
man „Entropie". Theoretiker des neunzehnten Jahrhunderts sagten voraus, das
gesamte Universum werde irgendwann den Wärmetod erleiden und in einer
kläglichen Entropie enden, durch die alles – Galaxien, Sterne und Kometen – sich
in einer kosmischen Brühe auflösen werde.

Das expandierende Univer-
sum, aus einer gigantischen
Explosion entstanden, hinterläßt einen fraktalen Abdruck
von wirbelnden, turbulenten
Gasen, Sternenfeldern und
Ähnlichem. Ganz gleich wie
weit wir in das All hinein-
spähen, es werden sich immer wieder neue Einzelheiten enthüllen. Diese
Aufnahme zeigt die große
Magellanwolke, eine kleine,
uns benachbarte, irreguläre
Galaxie in der Region des
Orionnebels.

DAS EMPFINDLICHE CHAOS

Die Art von Chaos, die Lorenz und andere Wissenschaftler in den sechziger und siebziger Jahren entdeckten, ähnelte zunächst eher dem Chaos der alten Mythen und Legenden. Das Chaos, das dann in Gestalt abstrakter, bunter Geister auf den Computerbildschirmen auftauchte, wies eine unglaubliche, gespenstische Ordnung auf. Es war schon ein richtiges Chaos, denn es war unvorhersagbar. Doch als die Wissenschaftler sich die Geister, die über ihre Bildschirme tollten, näher anschauten, entdeckten sie im Chaos einen Reichtum, von dem sie sich nichts hätten träumen lassen.

Um sich von diesem Reichtum ein Bild zu machen, stellen Sie sich bitte zwei herbstliche Blätter vor, die nebeneinander in einen Bach fallen. Der Bach mit seinen Blättern, Steinen, Zweigen und Biegungen stellt ein komplexes dynamisches System dar, das sich auf einem gewundenen Pfad durch den Wald bewegt: Auf gerade, stille Abschnitte folgen kurvenreiche, schmale Sturzbäche, die sich schäumend durch ein Labyrinth von Felsblöcken zwängen, um in friedliche Teiche zu münden, die sich hinter herabgefallenen Ästen aufgestaut haben. Die beiden Blätter, die eben in den Bach gefallen sind, geraten mit der Strömung in einen Teich, wo sie als träges Gespann um einen Wirbel kreisen. Aber nicht für lange. Der geringe Abstand zwischen ihnen wächst durch die Bewegungen des Wassers, und die beiden Blätter werden allmählich getrennt. Eines wird, nachdem es einen weiteren Strudel passiert hat, fortgetrieben, huscht über den Rand des aus Ästen gebildeten Damms hinweg und eilt talwärts; das andere treibt langsam gegen einen Zweig des Damms und bleibt hängen, angedrückt von dem Wasser, das in einem schwachen, kaum merklichen Strom an ihm vorbeifließt, so daß das Blatt nun seinerseits ganz geringfügig die Gestalt und Bewegung des Baches unterhalb zu verändern beginnt.

Die Blätter, so würden Chaosforscher sagen, haben in diesem dynamischen System eine *extreme Empfindlichkeit für ihre Anfangsbedingungen* gezeigt. Aus der ganz geringen Differenz ihrer Ausgangspunkte wurde eine gewaltige Differenz ihres weiteren Schicksals. Eine so extreme Empfindlichkeit ist das Kennzeichen eines chaotischen dynamischen Systems. Solche Systeme sind deshalb so empfindlich, weil sie ständig in Bewegung sind, sich laufend verändern und nie ganz genau in ihren Anfangszustand zurückkehren. Sie ähneln dem wandelbaren Fluß der Zeit, von dem der griechische Philosoph Heraklit sagte, daß man nicht zweimal in ihn hineinsteigen könne, obwohl es stets der gleiche Fluß bleibt. Das Paradoxon des Heraklit gilt auch für einen realen Fluß, und das ist von zentraler Bedeutung für das Chaos. Auch dann, wenn ein komplexes dynamisches System ein regelmäßiges und geordnetes Verhalten zeigt, kann irgendwo das zugrunde-liegende „Empfindlichkeits"-Prinzip des Chaos unmerklich dafür sorgen, daß Dinge getrennt und auseinander gebracht werden. Das muß nicht immer etwas Schlimmes sein, es gehört vielmehr zum Reichtum des Lebens. Bei Zwillingen mit identischer DNS schlagen zum Beispiel die Zellen, aus denen später die Gehirne der Zwillinge werden, während der fötalen Entwicklung unterschiedliche Wege ein und bilden unterschiedliche Verbindungsmuster aus. Die Entwicklung des Embryos ist ein dynamisches System, dessen extreme Empfindlichkeit für Anfangsbedingungen ein inhärentes Ausgangs-Chaos erzeugt, das dafür sorgt, daß eineiige, „identische" Zwillinge nie ganz identisch sein werden.

DAS CHAOS: EIN FENSTER ZUM GANZEN

Die Elemente eines chaotischen dynamischen Systems sind unter anderem deshalb so empfindlich für ihre Anfangsbedingungen, weil diese komplexen Systeme der *Rückkoppelung* unterliegen. So erzeugt das Wasser in einem Bach durch seine Strudel und seine Turbulenz eine Rückkoppelung, indem es ständig auf sich selbst einwirkt. Systeme, die jene Art Rückkoppelung aufweisen, die man „positive Rückkoppelung" nennt, durchlaufen oft revolutionäre Verhaltensänderungen, etwa wenn ein Mikrophon neben einen Lautsprecher zu liegen kommt und das kaum merkliche Eigenrauschen zu einem ohrenbetäubenden Pfeifen anschwillt oder wenn ein winziges Eiskörnchen auf der Tragfläche eines Flugzeugs eine so starke Turbulenz auslöst, daß das Flugzeug abstürzt. Die Wissenschaftler bezeichnen Systeme, die sich aufgrund ihrer Rückkoppelung radikal ändern, als *nichtlinear*. Diese sind, wie der Name schon sagt, das Gegenteil von linearen Systemen, die sich logisch, stetig und vorhersagbar verhalten. Genaugenommen sind lineare Systeme solche, die man mit linearen mathematischen Gleichungen beschreiben kann; Beispiele sind ballistische Raketen und der Mond, der auf seiner geordneten Bahn die Erde umkreist. Ein Raumfahrzeug, das durch seine Korrekturtriebwerke zu einer Punktlandung auf der Mondoberfläche gebracht wird, ist ein lineares System. Kleine Änderungen in linearen Systemen – etwa die kurzen Brennphasen der Triebwerke – rufen kleine, vorhersagbare Wirkungen hervor. Bei nichtlinearen Systemen werden kleine Änderungen dagegen durch die sich aufschaukelnde Rückkoppelung in kurzer Zeit so verstärkt, daß die Wirkung – das plötzliche Aufheulen des Lautsprechers oder ein loses Steinchen, das eine Lawine auslöst – in keinem Verhältnis zur Ursache zu stehen scheint. Nichtlineare Systeme verhalten sich nichtlinear, weil sie so mit positiver Rückkoppelung durchsetzt sind, daß die geringste Zuckung zu einer unerwarteten Erschütterung oder Veränderung verstärkt werden kann.

Wie die Chaosforscher herausgefunden haben, zeigen nichtlineare Systeme unter bestimmten Umständen ein regelmäßiges, geordnetes, zyklisches Verhalten, bis sie durch irgend etwas in Fahrt gebracht werden – ein kritischer Punkt wird überschritten, und plötzlich werden sie chaotisch. Wenn sie dann aber einen weiteren Wendepunkt durchlaufen, kehren sie wieder zur Ordnung zurück. Denken Sie zum Beispiel an einen Stein, der etwa dreißig Zentimeter unter dem Wasserspiegel am Boden eines Baches liegt. Bei normaler Wasserführung fließt der Strom glatt über den Stein hinweg, ohne Wellen zu bilden. Doch wenn sich nach starken Niederschlägen die Strömung verstärkt, bildet sich über dem Stein plötzlich eine Turbulenz an der Wasseroberfläche. Wenn sich die Wasserführung dann wieder normalisiert, ist die Oberfläche erneut so glatt, als gäbe es den Stein nicht. Ob Chaos auftritt oder nicht, hängt von der konkreten Situation ab. Chaos und Ordnung sind anscheinend Masken, die ein dynamisches System anlegen kann; je nach den Umständen zeigt es bald das eine, bald das andere Gesicht; mal sieht es einfach aus, mal komplex. Einfachheit verbirgt sich hinter Komplexität und diese hinter jener. Bei der Nachbildung von dynamischen Systemen entdeckten die Chaosforscher zu ihrer größten Befriedigung, daß einfache Gleichungen Resultate ergeben, die an den ungebärdigen Tanz des Chaos erinnern. Die Wissenschaftler brauchten nach der Entdeckung der Komplexität also doch

Häufig zerspringen Oberflächen durch die dynamische Wirkung von Trocknung, Dehnung oder Druck derart chaotisch, daß Kaskaden selbstähnlicher Formen verschiedener Größenordnung entstehen. Hinter diesem Bild vermutet man bunten, getrockneten Schlamm oder Farbreste, in Wirklichkeit handelt es sich um eine einmolekulare Schicht von Polystyren, die zwischen zwei Glasplatten gepreßt und gebrochen wurde.

nicht ihren Glauben an die Einfachheit der Natur aufzugeben – sie entpuppte sich freilich als eine Einfachheit von recht seltsamer und wackliger Art.

Am interessantesten bei einem dynamischen System sind, wie die Chaosforscher rasch herausfanden, die Übergangsbereiche – jene Punkte, bei denen das System von Einfachheit zu Komplexität übergeht, von der klaren, stabilen Ordnung zu den dunklen, undurchdringlichen Windungen des totalen Chaos. In diesen Übergangsbereichen und Grenzgebieten entarten Systeme und bilden verschiedene Muster aus. Die Muster und Spielräume der Bewegung eines Systems sind, wenngleich nicht im Detail, *dennoch* vorhersagbar. Es gibt, wie die Wissenschaftler entdeckten, bestimmte sich wiederholende, grobe Muster, von denen Systeme offenbar angezogen werden, wenn sie im Chaos versinken oder aus dem Chaos hervortreten. Diese Entdeckung bereitete den Wissenschaftlern große Genugtuung, konnten sie doch weiterhin an ihrer wissenschaftlichen Vorliebe für die Vorhersagbarkeit festhalten – die nun freilich eine Vorhersagbarkeit von seltsamer und wackliger Art war.

Wie ist jedoch diese seltsame Ästhetik des Chaos zu erklären? Mit dem „Ganzen", auch wenn das recht ungewöhnlich klingen mag. Empfindlich und nichtlinear und im einzelnen unvorhersagbar sind dynamische Systeme deshalb, weil sie offen sind, sowohl für „äußere" Einflüsse als auch für interne, kaum spürbare Schwankungen. Seit es die Chaostheorie gibt, kann man nicht mehr über die schlichte Tatsache hinwegsehen, daß dynamische Systeme – und zu ihnen zählen schließlich die bedeutsamsten Vorgänge in unserer Welt – nicht isoliert funktionieren. Der Baum, der die beiden Blätter abwirft, die „von außen" in unseren Bach fallen, kann auch als integraler Bestandteil des dynamischen Systems „der Bach" betrachtet werden. Und innerhalb des Baches selbst stehen alle Elemente – von der schärfsten Biegung bis hin zum kleinsten Blatt, zum kleinsten Kieselstein – in ständiger Wechselwirkung miteinander. Mit anderen Worten: Dynamische Systeme bilden eine Ganzheit, in der alles – zumindest potentiell – alles übrige beeinflußt, weil alles irgendwie mit allem in ständiger Wechselwirkung steht. Die Rückkoppelung kann diese ganzheitliche Verknüpfung jederzeit sichtbar werden lassen, indem sie einen „äußeren" oder „inneren" Einflußfaktor, von dem wir nichts ahnten, verstärkt. Die Erforschung des Chaos ist folglich, so paradox es klingt, gleichbedeutend mit der Erforschung des Ganzen.

So würden es zahlreiche Chaosforscher freilich nicht ausdrücken. Sie streiten – und das paßt zweifellos zum Thema – darüber, wie das Chaos genau definiert werden soll. Die einen beschränken ihre Vorstellung vom Chaosphänomen auf den Grenzbereich zwischen stabilen und vollkommen zufälligen Verhaltensweisen. Andere verstehen das Chaos eher als ein graduelles Phänomen (wobei die

reine Zufälligkeit ein Extrem darstellt) und begründen dies damit, daß allen Abstufungen des Chaos ein fundamentaler Holismus zugrunde liege. Doch auch die Holisten erkennen an, daß die Erforschung des Chaos im äußerst aktiven Grenzbereich zwischen Stabilität und unbegreiflicher Unordnung am ergiebigsten ist.

EINE GEOMETRIE ZWISCHEN DEN DIMENSIONEN

In den sechziger und siebziger Jahren erfand der IBM-Forscher Benoît Mandelbrot eine neue Geometrie, die er als „fraktale" Geometrie bezeichnete und die tief in diesen Grenzbereich eindrang. Der von Mandelbrot geprägte Ausdruck „fraktal" sollte an „Fraktur" und „Fraktion" (von lat. *fractus,* gebrochen) erinnern – es ging um eine Geometrie der gebrochenen, zerknitterten und ungleichmäßigen Formen. Das Chaos kann dynamische Systeme mal erschüttern, mal kann es auch einfach nur im Hintergrund lauern. Die fraktale Geometrie beschreibt die Wege und Spuren, die der Ablauf der dynamischen Aktivität zurückläßt.

Fraktale begegnen uns überall. Bäume, Berge, die Verteilung des Herbstlaubs im Hof – das alles sind fraktale Muster, Anzeichen eines ablaufenden dynamischen Geschehens. Die Chaostheorie erzählt die Geschichte der ungewöhnlichen Dinge, die dynamischen Systemen zustoßen, während sie sich in der Zeit entwickeln; die fraktale Geometrie zeichnet die Bilder ihrer Bewegung im Raum auf. Die Fraktur, die von den Stößen eines Erdbebens zurückbleibt, ist ebenso ein Fraktal wie der von der Turbulenz des Ozeans und der Erosion geprägte gewundene Verlauf der Küste. Die Verzweigungsstruktur eines Farns, die seinen Wachs-

Jede weitere Vergrößerung einer weinbewachsenen Wand enthüllt neue Einzelheiten, die die Muster im größeren Maßstab wiederholen. Gemäß der fraktalen Geometrie liegt dieser Weinstock zwischen den Dimensionen.

tumsprozeß nachzeichnet, die unregelmäßigen Ränder, die sich beim Gefrieren des Eises bilden, die Verteilung der Sterne am Nachthimmel, die Rauch- und Schmutzfahnen, die ein Kraftwerk verbreitet – das alles sind Fraktale. Wenn ein chaotisches Gewitter sich durch Selbstorganisation zu einem Tornado aufschaukelt, bilden die Zerstörungen, die es hinterläßt, ein fraktales Muster. Auch die byzantinische Verwickeltheit einer Schneeflocke ist das fraktale Ergebnis eines chaotischen Prozesses, kombiniert mit der sechsfachen Symmetrie von Kristallen.

Fraktale beschreiben die Rauheit der Welt, ihre Energie, ihre dynamischen Veränderungen und Umwandlungen. Fraktale sind ein Abbild des Prozesses, in dem die Dinge sich falten und entfalten, in dem sie miteinander und mit sich selbst rückgekoppelt sind. Vieles von dem, was die Chaosforscher über das Chaos wußten, wurde durch die Untersuchung von Fraktalen bestätigt, und es wurden zusätzlich einige unerwartete Geheimnisse der dynamischen Bewegungen der Natur aufgedeckt.

Eines dieser Geheimnisse ist die *fraktale Skalierung.* Fraktale weisen bei ganz unterschiedlichen Maßstäben (Skalen) ähnliche Details auf. Stellen Sie sich vor, Sie würden die rauhe Rinde eines Baums mit zunehmender Vergrößerung betrachten. Bei jeder Vergrößerung werden mehr Einzelheiten der Runzligkeit der Rinde sichtbar. Bei vielen Fraktalen (zum Beispiel bei der Baumrinde) geht die Skalierung außerdem einher mit einem anderen, damit zusammenhängenden

Merkmal der Naturdynamik, der *Selbstähnlichkeit.* Wenn der Betrachter sich eine fraktale Abbildung genauer anschaut, bemerkt er, daß die Formen, die er bei einem Maßstab erkennt, denen ähneln, die er bei einem anderen Maßstab im Detail beobachtet. Das wird Ihnen vielleicht merkwürdig vorkommen. Wie können Systeme, die grundsätzlich chaotisch sind, in unterschiedlichen Maßstäben Selbstähnlichkeit besitzen? Um dies zu verstehen, betrachten wir nochmals das Wetter.

Vom Weltraum aus stellt sich das Wetter der Erde im großen Maßstab dar: Wirbelnde Wolkenbänke wechseln sich ab mit ausgefransten Gebieten, wo der Himmel klar ist, nur hier und da mit Wolken durchsetzt. In diesem planetarischen Maßstab würde eine Momentaufnahme der Temperaturen ausgedehnte heiße Gegenden ebenso wie kühle Gebiete zeigen. Angenommen, wir würden im globalen Maßstab schwere Wolken und recht niedrige Temperaturen über Nordamerika beobachten. Nun gehen wir auf den kontinentalen Maßstab herunter. Das Bild, das wir jetzt sehen, ist nicht unähnlich demjenigen, das der Planet im ganzen zeigte. Hinter wandernden Wolkenfronten zeigen sich vereinzelt Gebiete mit klarem Himmel, und wenn wir hier die Temperatur genauer ablesen, zeigt sich, daß es in Teilen der Vereinigten Staaten ziemlich warm ist. Da der Bundesstaat Colorado in diesem Maßstab zu den wärmeren Stellen zu gehören scheint, gehen wir noch einmal im Maßstab herunter auf die Ebene des Bundesstaates und sehen uns die Sache genauer an. Ein Fernsehsender in Denver zeigt bei seiner Vorhersage die Wetterkarte für den ganzen Bundesstaat, auf der wir wieder die gleiche Vielfalt sehen wie bei größeren Maßstäben. Über Colorado Springs ist der Himmel bedeckt, und es ist kühl, sagt der Meteorologe, doch um Aspen herum ist es wolkenlos und warm. Wanderer, die in den Bergen um den Independence Pass bei Aspen unterwegs sind, werden über diese Vorhersage lachen, weil bei ihnen, in ihrem relativ kleinen Maßstab, gerade der Regen niederrauscht. Zum Glück können sie von ihrem Standort aus erkennen, daß der Niederschlag lokal begrenzt ist. In westlicher Richtung sehen sie klaren Himmel über dem Tal, und während sie von einem Bergsattel zum anderen vordringen, erleben sie eine Art Mikrowetter, denn sie durchwandern Gebiete mit Kalt- und Warmluftstaus, starken und nachlassenden Niederschlägen, und für einen Moment bricht sogar die Sonne durch.

Offensichtlich besitzt das Wetter, mit unterschiedlichen Maßstäben betrachtet, Selbstähnlichkeit, also eine fraktale Struktur. Das läßt sich auch damit erklären, daß das Wetter eine holistische, ganzheitliche Erscheinung ist, daß es sich also nicht nur aus „Teilen" (seinen Fronten, Regen- oder Schneegebieten, Hochdruck- und Tiefdruckzonen), sondern auch aus „Teilen von Teilen" und „Teilen von Teilen von Teilen" zusammensetzt (bis hinunter zu der Wärme, die der schwitzende Körper einer der Wanderinnen abstrahlt, und der chemischen Wärme, die in ihrem angespannten Muskelgewebe erzeugt wird). Wenn all diese „Teile" und „Teile von Teilen" miteinander rückgekoppelt werden, können Abbildungen (wie etwa Wetterkarten) entstehen, deren Muster skalierte Details aufweisen. In diesen Mustern kommt die Tatsache zum Ausdruck, daß die Gesamtbewegung des Systems sich ständig auf jeder Ebene, in jedem Maßstab vollzieht.

In der abstrakten, euklidischen Welt spielt der Maßstab keine Rolle, und wenn man Kugeln, Dreiecke, Quadrate oder Geraden vergrößert, erfährt man nicht viel Neues über das jeweilige Objekt. In der fraktalen Welt mit ihren manchmal bis ins Unendliche detaillierten Runzeln und Falten erfahren wir mehr und mehr, je tiefer wir hineingehen. In der euklidischen Welt geht der Beobachter in unstetigen Sprüngen von der eindimensionalen Geraden über das zweidimensionale Quadrat zum dreidimensionalen Würfel über. In der fraktalen Welt sind die Dimensionen verheddert wie ein Garnknäuel, und es gibt Objekte, die weder zwei noch drei Dimensionen haben, sondern etwas dazwischen. Man bezeichnet die fraktale Geometrie denn auch als eine *Geometrie zwischen den Dimensionen.* Ein fraktales Gebilde kann, je nachdem, wie verrunzelt oder fragmentiert es ist, jede beliebige aus einer unendlichen Menge von gebrochenen Dimensionen haben.

Dank der fraktalen Abbildungen betrachten wir unsere Realität zunehmend als zusammengesetzt aus Welten, die von selbstähnlichen Welten umgeben sind, das heißt aus Welten, die irgendwo zwischen den ganzzahligen Dimensionen liegen. Bücken Sie sich zu einem moosbedeckten Stein hinunter, und Sie erkennen eine mit Bäumen bestandene Bergkette in Miniaturausgabe, einen unserer Landschaft ähnlichen Mikrokosmos. Wenn es stimmt, daß alles auf unserem Planeten sich durch intensive Wechselwirkung mit allem anderen entwickelt hat, ist es vielleicht doch nicht so erstaunlich, daß wir überall selbstähnliche Abbilder des Ganzen entdecken. Die Finger an unseren Händen sind den Schwingen eines Kolibris und den Finnen eines Wals selbstähnlich. Schließlich haben wir alle uns im Rahmen des gleichen ganzheitlichen dynamischen Systems entwickelt, das wir Leben nennen.

DER COMPUTER ALS MIKROSKOP

Als Wissenschaftler und Mathematiker daran gingen, mit der fraktalen Geometrie zu arbeiten, erkannten sie zu ihrer Verblüffung, daß sie mit recht einfachen nichtlinearen Formeln verwickelte fraktale Formen auf ihren Computerbildschirmen erzeugen konnten. Diese Formeln enthalten Rückkoppelungs-Terme: Das Ergebnis einer Berechnung wird wieder in die Gleichung eingegeben und diese

Eine Explosion fraktaler Selbstähnlichkeit verschiedener Größenordnungen im Grenzbereich der Mandelbrot-Menge. Sie stellt eine unendliche Zahlenmenge in der komplexen Ebene dar und wird als „das komplexeste Objekt der Mathematik" bezeichnet. Um dieses besondere, spinnenähnliche Bild aus dem Grenzbereich der Menge zu erzeugen, waren Millionen mathematischer Kalkulationen auf einem großen Parallelrechner erforderlich.

nochmals durchgerechnet. Wenn das Ergebnis einer Gleichung wieder in diese eingesetzt und die Gleichung ständig wiederholt wird, sagen die Wissenschaftler, die Gleichung werde *iteriert*. So entstehen phantastisch komplexe und bisweilen unheimlich schöne Strukturen, die fraktale Selbstähnlichkeit besitzen. Eine der bekanntesten dieser Strukturen kann man erzeugen, wenn man den Computer eine Gleichung iterieren läßt, die eine bestimmte Menge von Zahlen enthält und nach Benoît Mandelbrot benannt wird, der ihre Schönheit als erster entdeckte.

Die elegant und ungemein raffiniert wirkende Selbstähnlichkeit tritt an den Rändern der Mandelbrot-Menge auf und läßt dieses rein mathematische Konstrukt als Symbol realer chaotischer Prozesse erscheinen, bei denen fraktale Selbstähnlichkeit an den Wellensäumen, in Bruchzonen, an Wetterfronten vorkommt. Iterierte fraktale Formeln werden von Wissenschaftlern inzwischen regelmäßig benutzt, um die Entwicklungen und Wirbelbewegungen realer dynamischer Systeme, etwa von turbulenten Flüssigkeiten oder Gasen, nachzubilden.

Die Bedeutung des Computers in den Revolutionen der Fraktale und des Chaos kann nicht hoch genug veranschlagt werden. Ohne die Rechenkapazität, die erforderlich ist, um Gleichungen millionenfach zu iterieren, wäre die Revolution einfach nicht möglich gewesen. Für die Erforschung komplexer dynamischer Systeme wurde der Hochgeschwindigkeitsrechner zu dem elementaren Werkzeug, welches das Mikroskop für die Erforschung der Mikroben, der Teilchenbeschleuniger für die Erforschung der subatomaren Struktur und das Teleskop für die Erforschung des Weltraums war. Der Computer brachte Phänomene ans Licht, welche die Wissenschaftler nie zuvor gesehen hatten. Dank der Fähigkeit des Computers, mathematische Modelle in anschauliche Bilder umzusetzen, findet die komplexe Schönheit des Chaos immer mehr Anerkennung. Überraschend wurden dadurch zwei Kulturen, zwischen denen Hunderte, wenn nicht Tausende von Jahren liegen, einander näher gebracht.

EINE NEUE (UND ALTE) ÄSTHETIK WIRD ENTDECKT

Chaostheorie und fraktale Geometrie erweitern die Fähigkeit der Wissenschaft, das zu tun, was sie seit jeher getan hat: die Ordnung hinter den verwirrenden Erscheinungen aufzudecken. Die Ordnung des Chaos setzt unserer Fähigkeit jedoch eine klare Grenze. Mit Hilfe des Computers können die Wissenschaftler zwar das Chaos betrachten und seine Gesetze verstehen, aber vorhersagen können sie das Chaos letztlich nicht; auch können sie keine Kontrolle darüber ausüben. Die der Chaostheorie und der fraktalen Geometrie innewohnende Ungewißheit erinnert an zwei frühere wissenschaftliche Revolutionen dieses Jahrhunderts: die fundamentale Ungewißheit, die nach dem Theorem von Kurt Gödel in der Mathematik lauert, und die von der Quantenmechanik ans Licht gebrachten unaufhebbaren Ungewißheiten und Paradoxa im atomaren Bereich. Offenbar ist es das Schicksal der Wissenschaft in diesem Jahrhundert, erfahren zu müssen, daß die Natur sich nach wie vor hinter einem Schleier verbergen will, daß sie sich, kurz bevor wir sie verstanden haben, wieder entzieht und eine Ordnung errichtet, der wir nicht beikommen.

Das, was man bezeichnen könnte als „die Ordnung, die in der Ungewißheit liegt", ist von Künstlern seit jeher geschätzt und genutzt worden. Der britische romantische Dichter John Keats bewunderte die, wie er sagte, „Negative Begabung", die Fähigkeit, „in Ungewißheiten, Mysterien, Zweifeln" zu sein. Diese Fähigkeit sei, behauptete er, der Schlüssel zum schöpferischen Vermögen des Künstlers. Leonardo da Vinci betonte, daß „ein Maler, der keine Zweifel hat, wenig erreichen wird", und er gab seinen Künstlerkollegen den Rat, sich für ihre Gemälde von den Flecken an der Wand inspirieren zu lassen. Immer wieder haben Künstler im Zweifel, in der Ungewißheit und Zufälligkeit des Lebens eine Harmonie entdeckt, die unvermittelt zum Wesen des Seins führt. Was auch immer der Maler, Dichter oder Komponist darstellt und gleichgültig, ob es abstrakt oder realistisch ist – das Endprodukt des Künstlers enthält Welten innerhalb von Welten. In der Kunst steckt immer mehr dahinter, als man sinnlich wahrnimmt. Wegen dieser Fähigkeit, Welten innerhalb von Welten anzudeuten, war die Kunst seit jeher fraktal. Die Chaosforschung trägt zu einem neuen Verständnis einer Ästhetik bei, die den sich wandelnden Kunstauffassungen verschiedener Zeiten, Kulturen und Schulen schon immer zugrunde lag.

Viele Künstler von heute haben in der Chaostheorie sofort einen tiefen Zusammenhang mit ihrer persönlichen künstlerischen Einstellung zur Welt erkannt. Die in Connecticut lebende Landschaftsmalerin Margaret Grimes erklärt beispielsweise: „Diese Ideen lieferten die mathematische Bestätigung für etwas, das ich bereits durch Naturbeobachtungen empirisch wahrgenommen hatte. Die Theorien stießen daher auf große Resonanz bei mir, wie Wahrheiten, die man schon immer gekannt, aber nicht auszudrücken gewußt hat."

Der New Yorker Maler Nachume Miller beteiligte sich 1989 an einer Kunstausstellung zum Thema „Chaos", nachdem er erkannt hatte, daß die Chaostheorie nicht nur für die von ihm gemalten Gegenstände gültig ist, sondern auch für den künstlerischen Prozeß, durch den ein Gemälde entsteht: „Die Art, wie ich mich auf bestimmte Prozesse einlasse, ist ziemlich chaotisch und für mich nicht ganz klar. Man reagiert auf eine Kette von Ereignissen, die sich vollziehen, während

„Ein Zusammenprall von Kräften nach dem Wegfall von Grenzen … diese dunkle und turbulente Pinselführung (hat die) Kraft, viele verschiedene Reiche heraufzubeschwören", ist im Katalog zur Ausstellung von Nachume Miller 1988 im Museum of Modern Art zu lesen. Miller selbst: „Betrachtet man mein Werk, so könnte man ein Seestück oder einen winzigen Kosmos erkennen … es könnte die Milchstraße sein. Man hat die Möglichkeit, etwas über sich selbst herauszufinden." Seit Miller die wissenschaftlichen Ideen der Chaostheorie kennenlernte, sieht er nun sein Werk auch als Fundgrube selbstähnlicher Formen. Er nennt dieses mit Öl und Wachs gemalte Werk „Eine Landschaft", aufgrund des unbestimmten Eindrucks von Himmel und Erde und der Art, wie das Licht durch die Turbulenz bricht.

man an der Arbeit ist. Zuerst muß man auf der Leinwand ein Drama schaffen, das sehr beunruhigend ist. Man weiß eigentlich nicht, was es ist. Es gefällt einem nicht einmal, aber wenn man es dann länger betrachtet, wenn man mit dem, was da vor sich geht, vertrauter wird, gewinnt man etwas mehr Klarheit."

Der Fotograf Joseph Cantrell aus Oregon sagt, in seiner Arbeit sei ein ähnlicher Prozeß wirksam: „Da draußen herrscht Ordnung auf so vielen Ebenen, für die wir entweder keine Wahrnehmung haben oder die nicht zu sehen wir erzogen worden sind. Ich fotografiere um der Überraschung willen. Sehr oft gelingt mir das bei ganz prosaischen Objekten. Man kann in einen Zustand geraten, wo das Fotografieren sehr gut läuft und man sich selbst vergißt. Man war dann irgendwo, und es war ganz wunderbar, nur kann man sich nicht mehr an die Einzelheiten erinnern, bis man das Endresultat sieht." Die Resultate sind ein fraktales Dokument seiner Wechselwirkung mit seinen Sujets, die in der Regel selber fraktale Objekte sind wie Farne, Vulkane oder turbulente Strömungen.

Diese neue (und zugleich uralte) Ästhetik, die das Chaos ans Licht bringt, ließe sich vielleicht so beschreiben:

Sie ist holistisch – eine Harmonie, die davon ausgeht, daß alles von allem beeinflußt wird. Bei mathematischen wie bei natürlichen Fraktalen wird der Holismus in der Selbstähnlichkeit sichtbar, dem Beweis eines holistischen Rückkoppelungsprozesses. In der Kunst entsteht Selbstähnlichkeit, die in unendlich vielfältigen Formen vorkommen kann, nicht dadurch, daß man eine Form sklavisch in unterschiedlichen Maßstäben permutiert. Sie hat eher etwas mit der Selbstähnlichkeit zu tun, die wir entdecken, wenn wir die menschliche Hand mit dem Flügel eines Kolibris, mit der Finne eines Wals oder einem Ast an einem Baum vergleichen. Die Aufgabe des Künstlers besteht darin, diese auffällige Beziehung zwischen Formen und Qualitäten, die selbstähnlich und zugleich selbstverschieden sind, aufzuspüren und auszudrücken und so ein Kunstwerk zu schaffen, das uns eine Ahnung von der holistischen Natur unseres Universums und unseres Daseins in ihm vermittelt. Miller sagt über seine Arbeit: „Wenn man einen Bruchteil von meinem Material nimmt, der typisch für die von mir verwendeten Muster ist, dann ist er im Prinzip dem gesamten Bild sehr ähnlich. Er zeigt die gleiche Logik wie das Ganze."

Miller betont, daß es nicht das Bestreben des Künstlers sei, die Natur „abzubilden". „Die Bilder sollen nicht die Natur veranschaulichen, sondern wie die Natur wirken." Sie sollen, anders gesagt, „wie" Lebensformen sein – und es ist ein wesentliches Merkmal von Lebensformen, daß jede auf ihre fraktale Weise das dynamische System der Natur im ganzen widerspiegelt. Das Ganzheitliche ist ein wesentliches Merkmal dieses neuen (alten) ästhetischen Verständnisses.

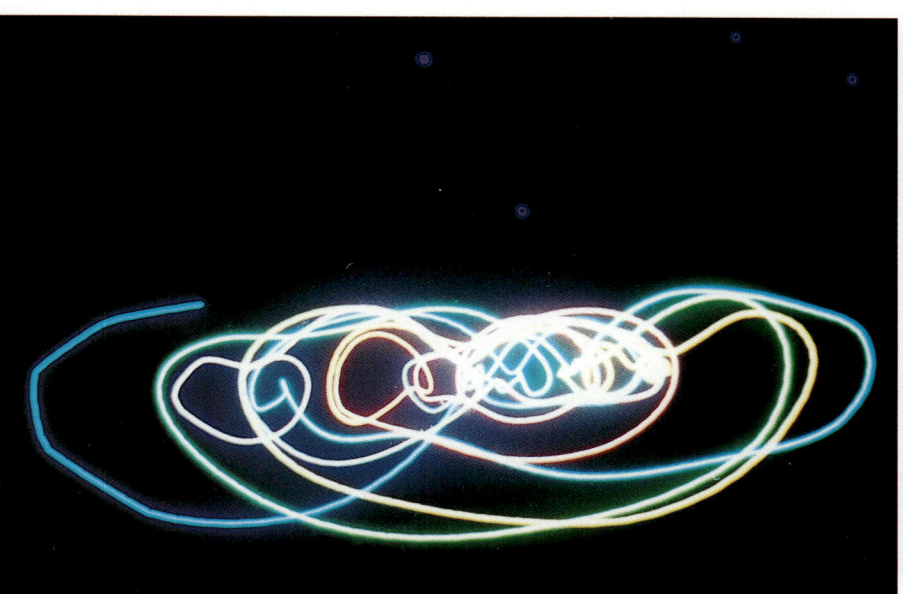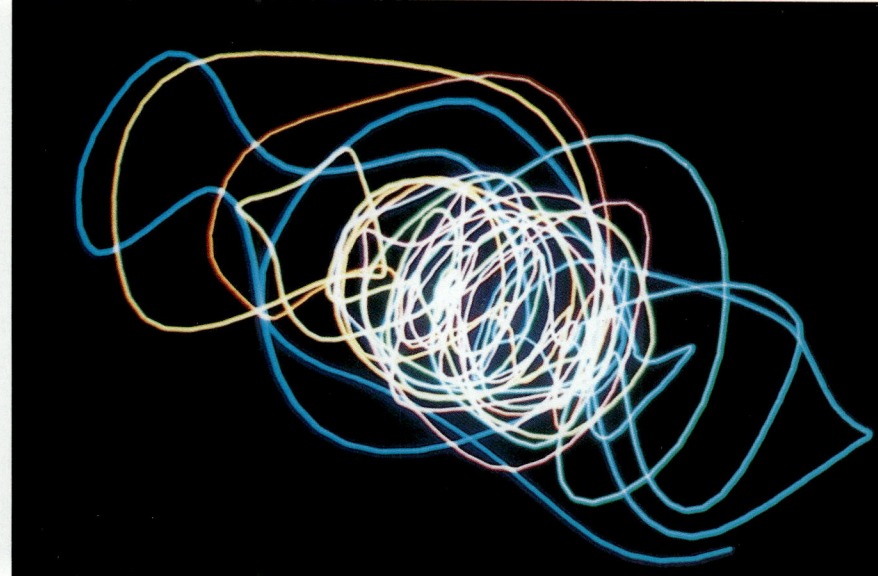

Die „seltsamen Attraktoren" des Gehirns, veranschaulicht an den elektroenzephalographischen Daten einer Frau mit geschlossenen Augen, links, und während der Ausführung eines siebenteiligen arithmetischen Problems, rechts. Eine der Entdeckungen der Chaostheorie ist die Tatsache, daß das Gehirn durch Chaos organisiert wird. Der Neurowissenschaftler Paul Rapp wies durch dieses Experiment nach, daß die chaotische Aktivität des Gehirns in beiden Zuständen an bestimmte Regionen gebunden ist. Somit existiert ein seltsamer Attraktor für das Gehirn im Ruhezustand und ein anderer für das Gehirn bei der Lösung einer mathematischen Aufgabe.

Daran liegt es, wenn ein farbiger Kieselstein, der Ihnen am Strand mitten in einem Haufen anderer Kieselsteine ins Auge sticht, bei Ihnen zu Hause im Regal unscheinbarer wirkt als in dem natürlichen Chaos, in dem Sie ihn entdeckt haben. Wenn man einen Weg durch den Wald oder eine Autostraße durch den Dschungel anlegt, muß man einsehen, daß dadurch die ganze Landschaft verändert wird. Die Chaostheorie bestätigt uns, daß es auf kleine Einzelheiten durchaus ankommt. Es ist wie bei der Empfindlichkeit eines chaotischen dynamischen Systems, und das wissen die Künstler: Man braucht nur in einem kleinen Teil eines Gemäldes oder Gedichts etwas zu ändern, und das ganze Werk kann dadurch zerstört oder zu etwas ganz anderem werden.

Die Ganzheitlichkeit der neuen Ästhetik fördert zugleich eine neue (und uralte) Beziehung zwischen dem Beobachter und dem Objekt der Beobachtung zutage. Die griechische Wurzel des Wortes „Ästhetik" deutet an, daß eine ästhetische Erfahrung eine Verwandlung sowohl des Beobachters als auch seines Objekts mit sich bringt. Die Wissenschaft hat üblicherweise angenommen, der Beobachter könne Abstand halten und „objektiv" im Hinblick auf das Beobachtete sein. Die Chaostheorie hat nun aber enthüllt, daß der Beobachter ein unentwirrbarer Bestandteil dynamischer Systeme ist, was den Künstlern seit jeher bewußt war. Die Chaostheorie läßt nicht länger die Annahme zu, ein Beobachter könne ein Objekt oder einen Prozeß unbekümmert in seine Bestandteile auflösen (in der Wissenschaft heißt dieser Standpunkt „Reduktionismus"), denn die „Teile" sind dynamisch und haben daher unvorhersagbare Effekte. Margaret Grimes faßt die neue

Ästhetik in der Formel zusammen, ihre Sichtweise sei eine von „Struktur versus Evolution, Stabilität versus Spontaneität, das heißt: unendlicher Fruchtbarkeit. Das Muster, das wir wahrnehmen, setzt sich aus einer endlosen Vielfalt ineinander verwobener Muster zusammen. Die Begriffe Ordnung und Chaos sind Ausdruck der absoluten Stellung des Ganzen und dennoch der unendlichen Bedeutung jedes einzelnen Teils, sei er nun ein Element oder eine Handlung oder ein Prozeß."

Die Wissenschaftler sind durch die Erforschung des Chaos unverkennbar für die ästhetische Erfahrung der Kunst sensibilisiert worden. Paul Rapp, Neurowissenschaftler am Medical College of Pennsylvania, gesteht, daß die Formen, die er am Computer entworfen hat, selbst an den „schlechtesten Monet" nicht heranreichen. Dennoch schildert er mit der Begeisterung eines Künstlers seine Reaktion auf diese fraktalen Diagramme, die den Denkvorgang in einem menschlichen Gehirn mathematisch darstellen. Seine Videobilder von EEG-Daten zeigen, daß die elektrische Aktivität unseres Gehirns, obwohl sie chaotisch und unvorhersagbar ist, dennoch eine verborgene Ordnung insofern besitzt, als sie von einem bestimmten Gebiet des graphischen Darstellungsraumes angezogen wird. Über die Entdeckung dieser fraktalen *seltsamen Attraktoren* im Gehirn sagt er: „Für mich ist die emotionale Wirkung der elektroenzephalographischen Bilder beträchtlich. Erstmals können wir beobachten, wie die Geometrie der EEG-Aktivität sich durch die kognitive Aktivität des Menschen verändert. Bevor diese Attraktoren konstruiert wurden, wußte ich nicht, was ich erwarten sollte. Ich rechnete damit, etwas sehr Langweiliges zu sehen, das sich durch die Denktätigkeit der Versuchsperson nicht nennenswert verändern würde. Als sich dann diese Strukturen auf dem Bildschirm ausbreiteten und zu kreiseln begannen, war mir klar, daß ich etwas ganz Außergewöhnliches beobachtete."

Scott Burns, Professor für Maschinenbau an der University of Illinois, berichtet, die von ihm erzeugten Bilder des mathematischen Chaos hätten Betrachter in ehrfürchtiges Staunen versetzt. „Ein Kollege von mir sagte: ‚Mensch, das ist wirklich ein Grund, an Gott zu glauben.' So weit würde ich nicht gehen, aber ich würde sagen, daß es bestimmt ein Grund ist, Ehrfurcht vor der Natur zu empfinden."

Man wird erkennen, daß die Ästhetik des Chaos die beiden Kulturen der Naturwissenschaft einerseits und der Kunst andererseits einander näher bringt, wenn man die Aussagen von Mario Markus, einem Physiker am Max-Planck-Institut in Dortmund, und Eve Laramée, einer New Yorker Bildhauerin, nebeneinander hält.

Markus erzeugt in seinem Labor ungeheuer reizvolle fraktale Abbildungen einer nützlichen Art von Gleichungen, die unter anderem zur Simulation von

Turbulenz benutzt werden. Er kann entscheiden, welche Gleichung dargestellt werden soll, mit welchen numerischen Werten er anfängt, welche Farben er den Werten zuordnet, welche Skalierung und welche Bildausschnitte er nimmt, er hat also, wie er sagt, einen ähnlichen Einfluß, wie ihn der Fotograf auf sein Sujet hat, und drückt nicht bloß mechanisch auf einen Knopf am Computer. „Jeder", sagt Markus, „kann eine andere Wahl treffen, so daß man von einem erkennbaren persönlichen ‚Stil' sprechen könnte. Man kann sagen, daß die Gleichungen dabei als neuartige Malpinsel aufgefaßt werden können."

Aus dem All ist sofort erkennbar, daß unser Planet fraktal ist. Dieses Satellitenfoto zeigt ein deutlich fraktales Gebiet am Fluß Ala an der nigerianisch-kamerunischen Grenze in Afrika. Die Gebirgsvegetation wurde durch den Computer rot, die intensiv bewirtschafteten Täler und Ebenen blaugrün dargestellt. Die stark gebrochene Geologie dieser Region zeigt eine sich auf immer kleineren Skalen wiederholende Verzweigungsstruktur, viele verschieden große Verästelungen wie ein Netzwerk von Blutgefäßen; ein Charakteristikum von Fraktalen. Das komplizierte fraktale Muster dieser Region spiegelt die dynamische Wirkung geologischer Kräfte wider. Die gewundene schwarze Linie des Flusses Ala folgt den Verwerfungen und unterstreicht so die fraktale Struktur.

Frau Laramée schafft altertümlich wirkende Konstruktionen aus Kupfer, Salz und Wasser. Sobald sie eines ihrer Kunstwerke in der Galerie aufgestellt hat, löst sich das Salz und beginnt, verwickelte fraktale Formen in das Kupfer zu fressen, so daß sich das Werk im Laufe der Zeit entwickelt. Während Markus versucht, sich in seine Gleichungen einzubringen und das automatisch ablaufende Chaos ein wenig zu beeinflussen, ist Frau Laramée bestrebt, sich aus dem Prozeß herauszuhalten und das in ihm waltende Chaos unbeeinflußt ablaufen zu lassen. „An einem bestimmten Punkt", sagt sie, „,nehme' ich die Hand der Künstlerin ‚heraus' und lasse die Natur das Werk übernehmen und vollenden." Die neue, durch das Chaos geschaffene Ästhetik kann demnach sowohl Künstler als auch Wissenschaftler, sowohl den Beobachter als auch das Beobachtete verzaubern. Die Trennwand von Objektivität bzw. Subjektivität, die jahrhundertelang die Haltung der Wissenschaftler und Künstler zur Natur bestimmte, wird jetzt von beiden Seiten her durchstoßen.

EINE VON CHAOS UND FRAKTALEN WIMMELNDE WELT

Was Künstler und Wissenschaftler auf der Suche nach sinnvollen Mustern der Ungewißheit erspähen, wenn sie durch die Fenster der Fraktale und des Chaos schauen, ändert sich laufend. Von bestimmten Viren weiß man inzwischen, daß sie eine fraktale Oberfläche haben. In der Aktivität der Dopamin- und Serotoninrezeptoren im Gehirn und bei Enzymen hat man fraktale Rhythmen und eindeutige fraktale Signaturen gefunden. Mit Hilfe der fraktalen Geometrie wird beschrieben, wie Erdöl durch Gesteinsformationen sickert. Komponisten kreieren fraktale Musik; Programmierer untersuchen, wie das Chaos sich auf Computer-Netze auswirkt; Chemiker benutzen Fraktale, um Polymere und keramische Materialien zu schaffen; Ökonomen entdecken, daß die Schwankungen der Lebenshaltungskosten einem seltsamen Attraktor folgen; Ökologen greifen auf die Prinzipien des sich selbst organisierenden Chaos zurück, um verschwundene Biotope zu rekonstruieren; der internationale Rüstungswettlauf ist in nichtlinearen Modellen nachgebildet worden. Ein wagemutiger Schriftsteller hat aus der Idee der seltsamen Attraktoren eine Science-Fiction-Story gemacht, in der das Chaos gleichbedeutend ist mit Unsterblichkeit. In den folgenden Kapiteln wird man den Fraktalen und dem Chaos unter zahlreichen weiteren Blickwinkeln begegnen.

EINE WELT LEBENDIGER FRAKTALE

Versucht das Auge, dem Flug eines farbenfrohen Schmetterlings zu folgen, so wird es gefesselt von einem seltsamen Baum, einer seltsamen Frucht; beobachtet man ein Insekt, so vergißt man es in der seltsamen Blume, über die es krabbelt; möchte man die herrliche Landschaft bewundern, so nimmt der eigentümliche Charakter des Vordergrunds die Aufmerksamkeit gefangen. Der Geist ist ein Chaos des Entzückens ...

— CHARLES DARWIN während seiner Reise mit der *Beagle* in einem Brief nach Hause über seine Eindrücke vom tropischen Regenwald Brasiliens.

Machen Sie eine Waldwanderung, und Sie sind von Fraktalen umgeben. Die unerschöpfliche Detailfülle der Welt des Lebendigen (mit ihren Welten innerhalb von Welten) inspiriert Fotografen, Maler und solche, die spirituellen Trost suchen: Da sind die gewundenen Furchen der Rinde, die wiederkehrende Verzweigung der Bäume, der erratische Weg eines Kaninchens, das, von Ihnen aufgescheucht, ins Dickicht flüchtet, und das fraktale Muster in der Kakophonie der Zikaden in einer Frühlingsnacht.

Die Landschaft ist der Schmelztiegel, in dem sich die lebenden Formen entwickelt haben, und da die Landschaft erfüllt ist von Fraktalen, sind die in ihr entstandenen Formen ebenfalls fraktal. Die Lebewesen – von den Bäumen über die Käfer bis zu den Walen – stellen mit ihren Formen und Verhaltensweisen ein fraktales Zeugnis der dynamischen Kräfte (der endlosen Rückkoppelung) dar, die auf sie einwirken und in ihnen wirksam sind, jener Kräfte, die sie immer wieder veranlaßt haben, neue Nischen zu entwickeln, in denen sie leben können. Nach dem Besuch einer Käfersammlung im Museum schrieb der Physiker und Wissen-

Die Columbia Schlucht in Oregon, fotografiert von Lawrence Hudetz, ist voller fraktaler Formen – ein Ergebnis beständiger Koevolution.

Die fraktalen Formen in der Columbia Schlucht wiederholen sich bis hinunter zur mikroskopischen Größe der hier fotografierten Blattvenen. Diese Aufnahme stammt von Lewis Wolberg, einem von der Ästhetik der Wissenschaft, der Natur und der Kunst begeisterten Psychiater. Wolberg schreibt in seinem Buch *Micro-Art, Art Images in a Hidden World:* „Weswegen gleichen die Darstellungen einiger Künstler so häufig mikroskopischen Strukturen?" Er beantwortet seine Frage zum Teil dadurch, daß Künstler „möglicherweise den gleichen, universell gültigen Interaktionsprozessen unterliegen. Emerson drückt es in seinem Essay *Nature* folgendermaßen aus: ‚Man kann es drehen und wenden wie man will: Stern, Sand, Feuer, Wasser, Baum, Mensch, alle sind aus demselben Stoff und verraten die gleichen Eigenschaften.'"

schaftsautor Chet Raymo in seiner Kolumne im *Boston Globe:* „Die Erklärungen Darwins sind schon vernünftig, doch … angesichts der spektakulären Vielfalt der Käfer könnte man meinen, die Natur sei von einem schier wahnsinnigen Drang nach Mannigfaltigkeit befallen, einer manischen Besessenheit, alles auszuprobieren, das gut aussieht und funktioniert."

Die üppige Schönheit der Natur und ihre traumartige Fremdheit waren für Charles Darwin eine wesentliche Inspiration in seinem Bemühen, eine kohärente Evolutionstheorie zu entwickeln. Der Psychologe Howard Gruber, der sich ausgiebig mit der Frage befaßt hat, wie Darwin zu seiner Theorie kam, sagt: „Sein ganzes schöpferisches Lebens-

Die primordiale Gestalt der Qualle zeichnet mit ihren Wellenformen die dynamischen Kräfte des fließenden Wassers, ihres Lebensraumes, nach.

Es würde wohl einige Zeit in Anspruch nehmen, die fraktalen Dimensionen dieses gesprenkelten, warzenförmigen Bewohners der tropischen Gewässer zu berechnen. Durch Farbwechsel kann sich der Anglerfisch an seine Umgebung anpassen, so daß er von einem algenüberzogenen Felsen etwa schwer zu unterscheiden ist. Geschickt verwendet die Natur Symmetrie und fraktale Irregularität, um ihre organischen Strukturen zu formen.

werk ist von … einem Dualismus geprägt … Einerseits wollte er dem gesamten Panorama der wandelbaren organischen Natur mit ihrer phantastischen Vielfalt, ihren zahllosen schönen Erfindungen, ihrer verwirrenden Unregelmäßigkeit und ihren Unvollkommenheiten unmißverständlich Rechnung tragen. Andererseits war er erfüllt vom Geist der Newtonschen Wissenschaft und hoffte, in diesem schillernden Geflecht einige wenige einfache Gesetze zu finden, mit denen sich die gesamte Entwicklung der Natur erklären ließe." In seinem bahnbrechenden Werk *Die Entstehung der Arten* bezeichnet Darwin die Natur in einem ungewöhnlichen Bild als „die verwickelte Bank", schwelgt er, wie Gruber sagt, im „Anblick der Komplexität selbst".

Tatsächlich war das Muster, das Sinnbild, dem Darwin seine grundlegende Einsicht in das Wirken der Evolution verdankte, ein klassisches Fraktal: Er dachte bei den sich entwickelnden Formen der Natur an einen sich unregelmäßig verzweigenden Baum.

Gruber hat Darwins schöpferischen Prozeß anhand seiner Notizbücher bis zu dem Augenblick nachgezeichnet, in dem dieses Bild in seiner Vorstellung auftauchte. Anfangs erwartete Gruber, daß die Überlegungen, die Darwin zur Evolution anstellte, „scharfsinnig, zügig und direkt" waren, doch es stellte sich rasch heraus, daß sie „umständlich, zaghaft und ungeheuer komplex" waren. „Darwins Bild von der Natur als einem sich unregelmäßig verzweigenden Baum schrieb der Natur einige der Merkmale zu, die ich auch in seinem Denken entdeckte", stellt Gruber fest.

Nachdem Darwins Überlegungen etliche Verzweigungen durchlaufen hatten, kam er, so Gruber, an einen Punkt, an dem er die Baumdiagramme in sein Notizbuch zeichnete; in diesem Bild hielt er seine Einsicht fest, daß alle Geschöpfe durch einen von der natürlichen Auslese vorangetriebenen Verzweigungsprozeß miteinander verwandt sind. Er hatte ein einfaches Gesetz gefunden, mit dem sich die atemberaubende Komplexität des Lebens erklären ließ.

Zu allen Zeiten waren Künstler von dem Wunsch beseelt, die Komplexität wie die Einfachheit des Lebens gleichzeitig in ein einziges Bild oder Werk zu bannen. Einige haben einfache Bilder mit ungeheuer komplexen Obertönen geschaffen, andere haben komplexe Bilder vorgelegt, denen eine einfache Ordnung zugrunde liegt. Die künstlerische „Wahrheit" scheint auf der Darstellung eines *dynamischen Gleichgewichts* zwischen diesen Gegensätzen zu beruhen. Darwin kam durch seine Bewunderung der Komplexität und seinen Glauben an einfache Naturgesetze im Sinne Newtons der Ästhetik des Künstlers – seinem Sinn für Harmonie und Dissonanz – sehr nahe, doch am Ende gab die Evolutionstheorie der Einfachheit, dem wissenschaftlichen Gesetz, den Vorzug. Viele Chaosforscher (wenngleich sicherlich nicht alle) scheinen jetzt entschlossen, eine neue Gewichtung vorzunehmen. Daher verkünden sie eine neue Dynamik, der zufolge die Komplexität aus einfachen Regeln hervorgehen kann, die aber auch eine provozierende neue Einsicht enthüllt: Die Gesetze der Komplexität schließen für immer jene einfache Vorhersagbarkeit und Naturbeherrschung aus, die aus dem von Darwin so bewunderten Newtonschen Uhrwerksmodell der Welt folgte.

Mit einfachen mathematischen Gleichungen können die Chaosforscher inzwischen komplexe dynamische Systeme modellieren und Regeln formulieren, nach denen solche Naturphänomene wie das Zusammenströmen von Vögeln, die gemeinsam zu ihrem Schlafplatz fliegen, und das Wachstum der Zweig- und Blattformen bestimmter Blumen und Bäume auf dem Computer nachgebildet werden. Die Chaostheorie und die fraktale Geometrie haben ungeahnte Entsprechungen

Bei dieser augenscheinlich modernen Skulptur handelt es sich in Wahrheit um die fraktale Gestalt einer Ingwerwurzel, einer von vielen natürlich vorkommenden Irregularitäten.

Dieser gefärbte Querschnitt von Gurkenzellen weist eine bemerkenswerte Ähnlichkeit mit dem computergenerierten, rein mathematischen fraktalen Muster auf. Michael Barnsley berechnete und repräsentierte hierfür Werte aus dem Grenzbereich der Mandelbrot-Menge, einer unendlichen Sammlung von Zahlen auf der komplexen Ebene.

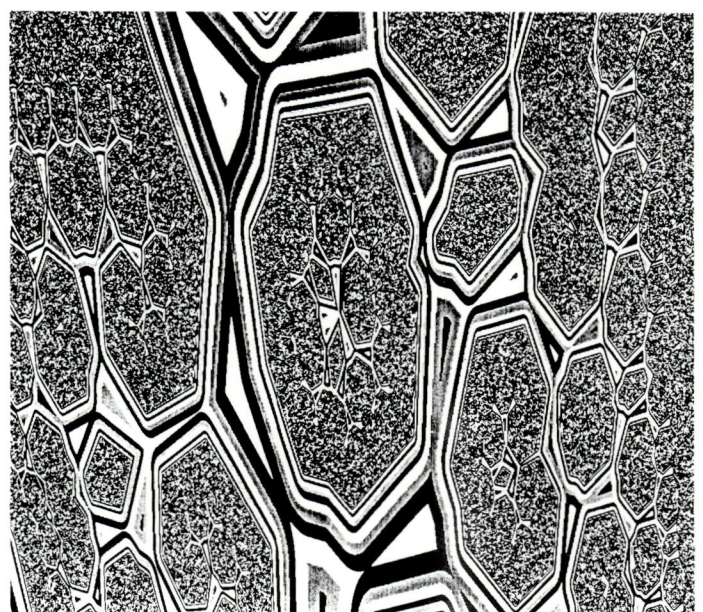

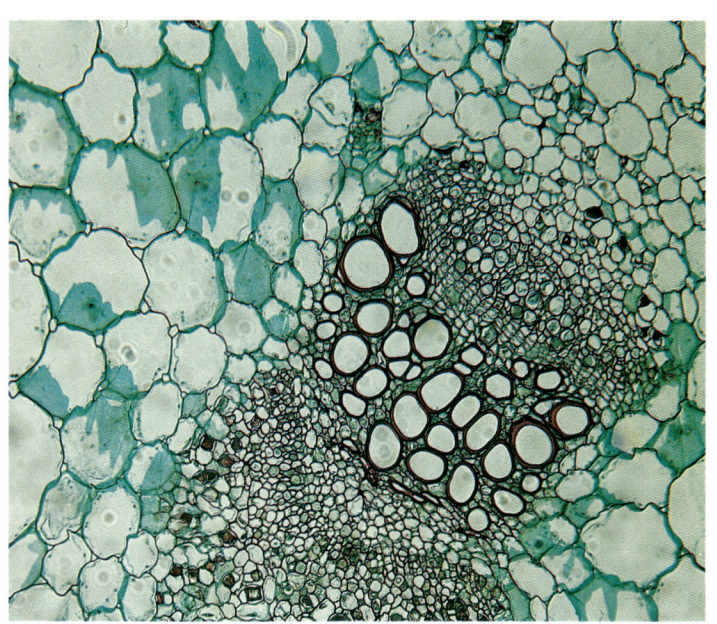

Fraktale Muster symmetrischer Seesterne und ein fraktales Gefüge ihrer auf einem Felsen angeschwemmten Körper. Sie sind Nutznießer wie Opfer der dynamischen Wirkung der Natur.

zwischen dem abstrakten geistigen Bereich der Mathematik und den Bewegungen und Formen der Myriaden Organismen unseres Planeten aufgedeckt. Man erkennt jetzt die Analogie zwischen den scheinbar endlosen Nischen in der Natur und der ausgeklügelten Komplexität, die bis in die letzten Winkel der Mandelbrot-Menge herrscht. Man kann sogar die Nischenidee als eine fraktale Idee auffassen.

Eine Nische, das ist ein Winkel, ein Raum. Biologen bezeichnen mit dem Wort üblicherweise den kleinen, unbesetzten Winkel eines Ökosystems, auf dessen Ausfüllung hin ein Organismus sich entwickelt. Nistet eine Kormoran-Art auf hohen Klippen mit breitem Gesims und ernährt sie sich von einer bestimmten Kost, so wird sich eine andere Art mit besonderen Merkmalen entwickeln, die es ihr erlauben, weiter unten auf schmalen Gesimsen zu nisten und sich ein wenig anders zu ernähren – insofern besetzen die beiden Arten unterschiedliche Nischen. Nach dieser hergebrachten Auffassung ist der Natur die Leere zuwider, und deshalb entwickelt sie neue Formen, um diese auszufüllen. In Wirklichkeit ist es aber sehr viel vertrackter. Ein Organismus schafft die Nische, die er besetzt, mindestens ebensosehr, wie er durch das Bestehen einer unbesetzten Region des Ökosystems geschaffen wird. Neue Räume oder Nischen entstehen laufend, sie werden durch die gesamte Aktivität aller Organismen entfaltet. Wenn eine Art ausstirbt, schließt sich die Falte (oder Nische), oder sie wird weiter aufgefaltet. An der großen biologischen Vielfalt auf unserem Planeten ist abzulesen, daß die Natur in einem ständigen Auf und Ab neue und verwandte Nischen entstehen läßt, gleich einer vom Wind gekräuselten Wasserfläche.

Die ständige Fältelung der Realität, die wir in der Evolution beobachten, vollzieht sich in Jahrtausenden, in denen Arten entstehen und vergehen; sie schafft neue Landschaften, neue Umwelten und neue Lebenschancen für neue Arten. Die alte wissenschaftliche Vorstellung vom „Gleichgewicht der Natur" wird stillschweigend ersetzt durch die neue Vorstellung vom dynamischen, schöpferischen und ungeheuer vielfältigen „Chaos der Natur".

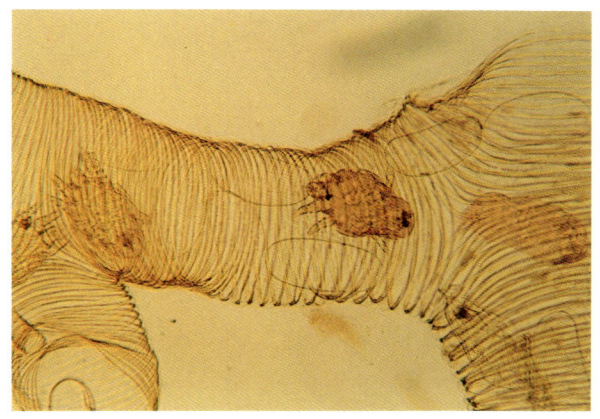

Der im 18. Jahrhundert lebende britische Satiriker Jonathan Swift betrachtete humorvoll die Größenmaßstäbe der Natur: „Naturalisten beobachten, daß auf einer Fliege kleinere Fliegen schmarotzen, auf diesen wiederum noch kleinere sitzen, um sie zu beißen, und so geht es fort, ad infinitum." Sicherlich hätte sich Swift über diese Aufnahme von winzigen Milben in den Atemwegen einer Biene gefreut. Swift lag richtig mit seiner Annahme, das Leben beruhe auf dem Prinzip, daß die evolutionäre Aktivität Welten innerhalb von Welten schafft. Sie alle strahlen mit ihren Bewegungen, Änderungen und Rückkoppelungen von der kleinen in die große Dimension und wieder zurück.

VON KAMELEN,
STROHHALMEN UND FRAKTALEN

*Eine allgemeine Differentialgleichung „nichtlinear" zu
nennen, das ist, wie wenn man die Zoologie als „Nonpachy-
dermologie" bezeichnen würde. Wir leben nun einmal in
einer Welt, die jahrhundertelang so getan hat, als sei das
einzige existierende Tier der Elefant.*

–IAN STEWART, Mathematiker,
in *Does God Play Dice: The Mathematics of Chaos.*

Die meisten Dinge in der Natur gleichen dem Kamel, das einen Strohhalm zuviel auf dem Rücken trug. Jahrhundertelang stoßen Kontinentalplatten aneinander, und nichts passiert – auf einmal gibt es dann ein Erdbeben. Der Chef, der sich und alle anderen unermüdlich antreibt und über unbegrenzte Energie zu verfügen scheint, bekommt eine Herzattacke und fällt tot um. Durch Zufall gelangt ein Insekt in eine neue Umgebung, seine Population vermehrt sich explosionsartig, ein paar Jahre später bricht sie zusammen, dann ist sie eine Zeitlang stabil, bis sie erneut explodiert. Regelmäßigkeit, abrupte Änderungen und Brüche sind vorrangige Merkmale des Lebens. Ein derart ungleichmäßiges Verhalten bezeichnen die Wissenschaftler als „nichtlinear", und das Wort deutet an, was sie davon halten – oder bis vor kurzem davon hielten. Hinter „nichtlinear" verbirgt sich, daß man der Linearität den Vorzug gibt. Das alles hat mit Gleichungen zu tun.

Die ungewöhnliche Zusammenarbeit zwischen einem Künstler und einem Wissenschaftler hat zu dieser Auflösung einer nichtlinearen Gleichung geführt. Gottfried Mayer-Kress vom Santa Fe Institute ist einer der führenden Experten auf dem Gebiet nichtlinearer Systeme. In den frühen achtziger Jahren sah er in der Dynamik seiner Darstellungen ein Potential für Künstler, „aber ich wußte ebenso, daß ich als Wissenschaftler ohne künstlerischer Begabung oder Übung nicht die geeignete Person war, um jene anderen, nichtwissenschaftlichen Oberflächen der chaotischen Strukturen herauszuarbeiten." Schließlich traf er auf die Grafikdesignerin Jenifer Bacon, die von Mayer-Kress' Bildern begeistert war: „Die Chaos-Darstellungen auf dem Computer verhielten sich wie Himmel und Erde, in welchen ich mich künstlerisch frei entfalten konnte", erzählt sie. „Die Strukturen dieser Bilder hatten etwas Verblüffendes. Sie schienen wie eine Flüssigkeit oder

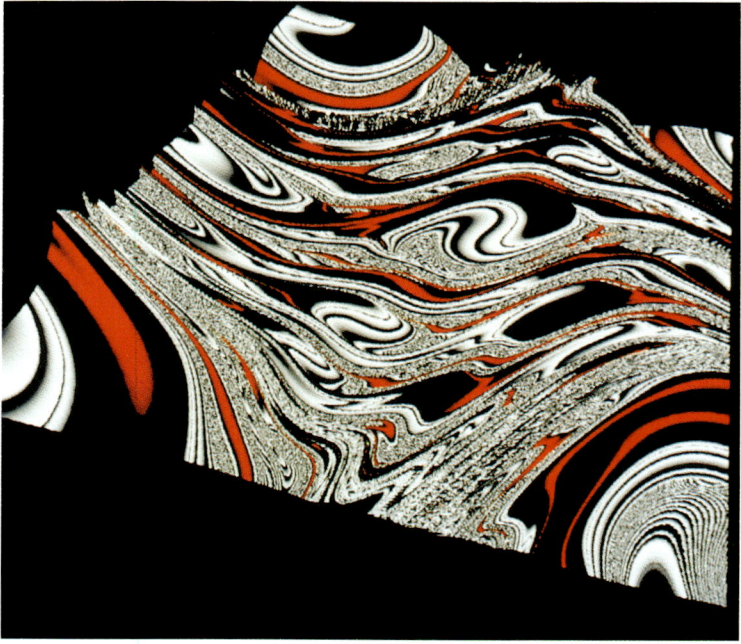

wie die Atmosphäre zu fließen und sich zu bewegen." Manchmal läßt Bacon die Wissenschaft hinter sich und gestaltet aus den Computerdarstellungen ihre eigenen Landschaftsbilder. Dann wiederum schafft sie es mit ihrer ästhetischen Sensibilität, die visuelle Wirkung einer wissenschaftlichen Darstellung zu steigern. Nebenstehende getreue, obgleich künstlerische Darstellung einer nichtlinearen Gleichung beschreibt graphisch eine Vielfalt von Verhaltensmöglichkeiten, die von den Anfangswerten der Gleichung abhängig sind. Der „Insel" in der unteren, linken Bildecke zum Beispiel liegen Zahlenwerte zugrunde, die ein periodisches Verhalten der Gleichung bewirken. Die hier dargestellte Gleichung veranschaulicht das Verhalten von subatomaren Teilchen.

Gleichungen können als Gleichnisse und Metaphern der Wissenschaft aufgefaßt werden. Physiker, Chemiker und Biologen, die reale Naturvorgänge mit Gleichungen nachbilden, gehen von der Annahme aus, daß die Entwicklung einer Gleichung der Entwicklung des realen Prozesses entspricht, den die Gleichung nachbildet. Die Werte in linearen Gleichungen ändern sich geordnet, schrittweise und proportional, und so sind die Kausalvorgänge der Natur in der linearen Welt gesetzmäßig und geordnet, so wie sie Isaac Newton in seinem Werk über die Himmelsmechanik beschrieben hat. Eine nichtlineare Gleichung ist ganz anders, und sie liefert ein ganz entgegengesetztes Bild der Natur.

Während man lineare Gleichungen einfach dadurch löst, daß man Größen eingibt und die Terme der Gleichung berechnet, um das Ergebnis zu erhalten, muß man für die Lösung nichtlinearer Gleichungen das Resultat *iterieren,* das heißt, wieder in die Gleichung einführen, um herauszufinden, ob der Endwert durch das Auflösungsverfahren zu einer stabilen Zahl, einer periodisch sich wiederholenden Zahl oder zu einer zufallsartig schwankenden Zahl wird. Es ist daher zu vermuten, daß die durch nichtlineare Gleichungen beschriebenen natürlichen Kausalvorgänge auf so etwas wie einem dynamischen Recycling beruhen, das zu Stabilität, Periodizität oder Chaos führt. Wenn Mathematiker eine lineare Gleichung nacheinander mit zwei eng benachbarten Anfangswerten lösen, wird auch das Ergebnis in beiden Fällen eng benachbart sein. Führen sie zwei ähnliche Anfangswerte in eine nichtlineare Gleichung ein, so können die Ergebnisse der beiden Berechnungen nah beieinander liegen, aber auch überraschend voneinander abweichen. Während es für das Verhalten einer linearen Gleichung fast keine Rolle spielt, welche Werte in sie eingespeist werden, ist eine nichtlineare Gleichung überaus empfindlich für ihre Anfangsbedingungen. Hat man eine lineare Gleichung für einen Wert gelöst, kann man sich schon gut vorstellen, wie sie sich bei anderen Werten verhalten wird. Diese Sicherheit gibt es bei nichtlinearen Gleichungen nicht. Zwar beschreiben sowohl lineare als auch nichtlineare Gleichungen den Zusammenhang zwischen Ursache und Wirkung, doch scheinen sie, bildlich gesprochen, das kausale Verhalten der Natur auf völlig verschiedenen Planeten zu beschreiben.

Lange konnten die Wissenschaftler zwar nichtlineare Gleichungen formulieren, in denen komplexe Naturvorgänge nachgebildet wurden, doch konnten sie sie nicht lösen. Also taten sie das Naheliegende und *linearisierten* all die nichtlinearen, turbulenten Phänomene, bei denen das möglich war, zum Beispiel den Wärmefluß – und gingen dabei über das Verhalten von „vertrackten" Naturphänomenen, die sich nicht linearisieren ließen, elegant hinweg. Bei der Linearisierung werden die sperrigen Terme einer nichtlinearen Gleichung (nämlich die Terme,

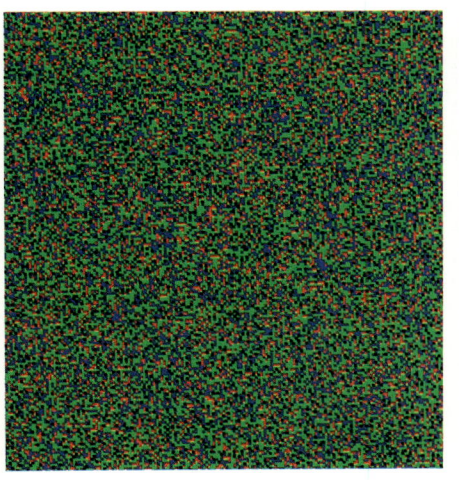 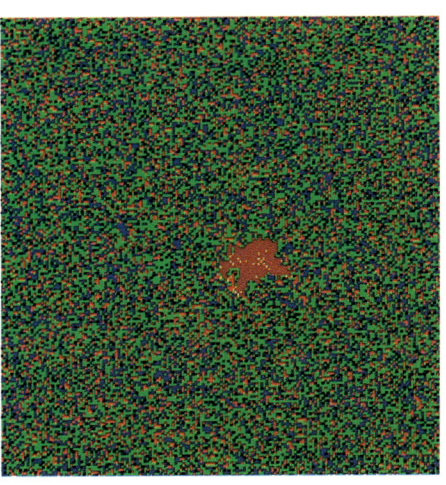 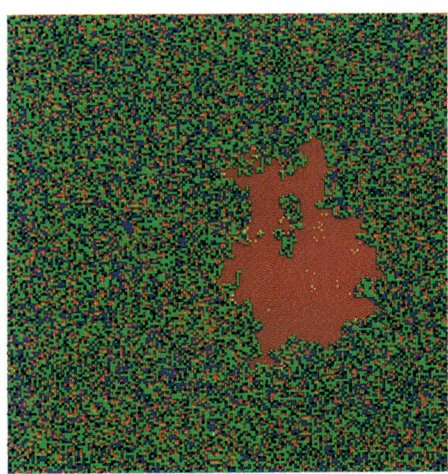 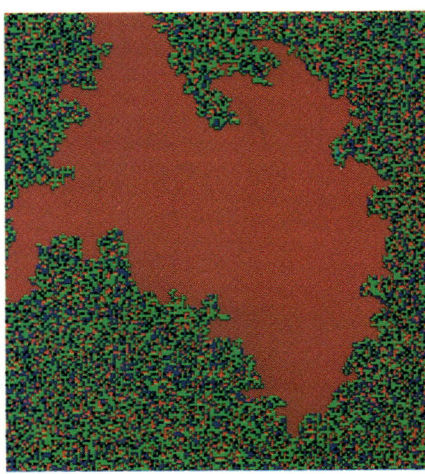

Wissenschaftler am Brookhaven National Laboratory in New York untersuchen die nichtlineare Dynamik von Sandhaufen. So wie ein Tropfen das Faß zum Überlaufen bringt, so kann durch ein einziges hinzukommendes Sandkorn die kritische Masse überschritten werden und der ganze Haufen plötzlich ins Rutschen kommen. Per Bak, Kan Chen, Michael Creutz und ein Team in Brookhaven haben ein Computermodell konstruiert, um solch einen Vorfall zu simulieren. Die erste Abbildung zeigt einen stabilen, d.h. ruhenden Sandhaufen. Rot , grün und blau kennzeichnen Sandkörner unterschiedlicher Stabilität, schwarz zeigt die Zwischenräume an. Lagert sich nun ein weiteres Sandkorn ab, so springt das Verhalten plötzlich in ein nichtlineares um, und es entsteht eine sich ausbreitende Lawine, wie die rote Fläche der zweiten bis vierten Abbildung zeigt. Man beachte dabei die fraktale Ausbreitungsform der Lawine. Einige Sandkörner, gelb dargestellt, sind noch in Bewegung. In natürlichen Haufen bilden die seitlich herabprasselnden Sandkörner ebenfalls fraktale Muster aus, wie Wissenschaftler bei IBM in Yorktown Heights, New York, beobachtet haben. Die Feldstudien wie auch die Computeranalysen zeigen laut Bak und Chen, daß sich Sandhaufen „ständig bis zu einem kritischen Stadium aufbauen, in welchem bereits ein geringfügiges Ereignis eine Kettenreaktion mit katastrophalen Folgen auslösen kann". Sich ablösende Sandmassen versuchen den Haufen in diesem kritischen Stadium zu bewahren, und der Haufen entwickelt sich, auch wenn er im ständigen Auf- und Abbau begriffen ist, als Ganzes immer in Richtung Instabilität. Etwas, das Bak und seine Kollegen als „selbstorganisierten kritischen Zustand" bezeichnen. Bak findet, daß „die geometrische Beschreibung der Fraktale allein nicht als Erklärung ausreicht. Man muß den dynamischen Ursprung fraktaler Strukturen verstehen. Ich begreife unsere Idee des selbstorganisierten kritischen Zustands als einen Beitrag in diese Richtung ... Die Dynamik selbstorganisierter kritischer Systeme liegt ‚an der Grenze zum Chaos' ... Unsere Vermutung ist, daß die fraktale Struktur der Natur ihre Nähe zum Chaos widerspiegelt."

die Rückkoppelung enthalten) hinausgeworfen und ersetzt durch eine Reihe von Näherungen, die den vorliegenden Prozeß nachbilden.

Anfang des zwanzigsten Jahrhunderts benutzten die Physiker lineare Näherungen, um die Bewegung von Planeten und Satelliten auf ihren Bahnen zu berechnen und vorherzusagen. Schließlich stellte sich der große französische Wissen-

schaftler Henri Poincaré der Herausforderung, eine nichtlineare Gleichung zu lösen, in der die Rückkoppelung von Gravitationseffekten berücksichtigt war, die bei der Wechselwirkung von mehr als zwei Himmelskörpern auftreten. Die Rechnungen waren ungeheuer komplex, doch Poincaré stieß bald auf die Tatsache, daß gerade in der Himmelsmechanik, die von der linearen Wissenschaft lange als Inbegriff der einfachen Gesetze der Natur ausgegeben worden war, das Chaos lauerte. Was Poincaré jedoch lähmte, war die Merkwürdigkeit der Resultate und der maßlose Rechenaufwand, und so gab er den nichtlinearen Ansatz auf. Dann kamen die Computer, die imstande waren, die Millionen von Iterationen durchzuführen, die für die Lösung einer nichtlinearen Gleichung erforderlich sind, und gewissermaßen über Nacht begannen Wissenschaftler, nichtlineare Gleichungen zu erforschen und überzeugende, revolutionäre mathematische Metaphern für die Natur in ihnen zu erkennen.

Die Formen und Gestalten, die auf Computerbildschirmen sichtbar werden, wenn Wissenschaftler nichtlineare Formeln iterieren, sind fraktale Formen, in denen sich die zugrundeliegende ungestüme Dynamik widerspiegelt.

In einer nichtlinearen Welt können kleine Ereignisse große und unerwartete Folgen nach sich ziehen. Ein dynamisches System erscheint bis zu einem bestimmten Punkt stabil, um dann durch eine scheinbar geringfügige Begebenheit einen neuen Zustand zu erreichen. Rechts ein Eisberg, der plötzlich abbricht und sich von einem Gletscher löst. Polareis besitzt fraktale Dimensionen: in verschieden großen Eisfragmenten spiegeln sich dieselben Formen. Links eine Lawine mit fraktalem Umriß, aufgenommen in den Bergen von British Columbia. Die Lawine könnte ein geringfügiges Ereignis, wie ein Echo oder ein Temperaturwechsel, ausgelöst haben. Nichtlineare Gleichungen wären notwendig, um die hier gezeigten plötzlichen Änderungen zu beschreiben.

DIE FRAKTALE
UND DAS CHAOS DES ALLS

*Er hat fast eine Milliarde Jahre durchgehalten, ohne
davonzufliegen. Wenn man mich zu einer Wette heraus-
fordern sollte, würde ich sagen, daß er's auch künftig nicht
tun wird – aber auszuschließen ist es nicht.*

–JACK WISDOM, MIT-Physiker, über den Planeten Pluto.

Raumsonden, Kameras und Teleskope mit hochempfindlichen Röntgen- und Ultraviolettsensoren, Vorbeiflüge, unbemannte Landungen und bemannte Mondexpeditionen – das alles hat uns ungeahnte Ansichten von unserem Sonnensystem geliefert: glutheiße brodelnde Regionen neben eisesstarren, strahlender Glanz neben gigantischer Zerstörung. Der wirbelnde Zyklon von Gasen, aus dem das riesige Auge des Jupiter besteht, ist nur ein Beispiel für die dynamischen chaotischen Kräfte, die zwischen den Planeten und in der Tiefe des Weltalls wirksam sind. Da drehen sich kollabierende Neutronensterne mit rasender Geschwindigkeit, da explodieren Supernovae nach und nach in Schockwellen, die die Bildung neuer Sterne in Gang setzen, da spucken Sonnen – rotierende Zusammenballungen turbulenter Gase – magnetische Stürme aus, die sich über Millionen von Kilometern erstrecken, und schwarze Löcher verschlucken jegliche Energie, die ihnen nahe kommt.

Ein Inferno des Chaos: der Orionnebel ist eine Geburtsstätte, in der aus Staub und Gas neue Sterne entstehen.

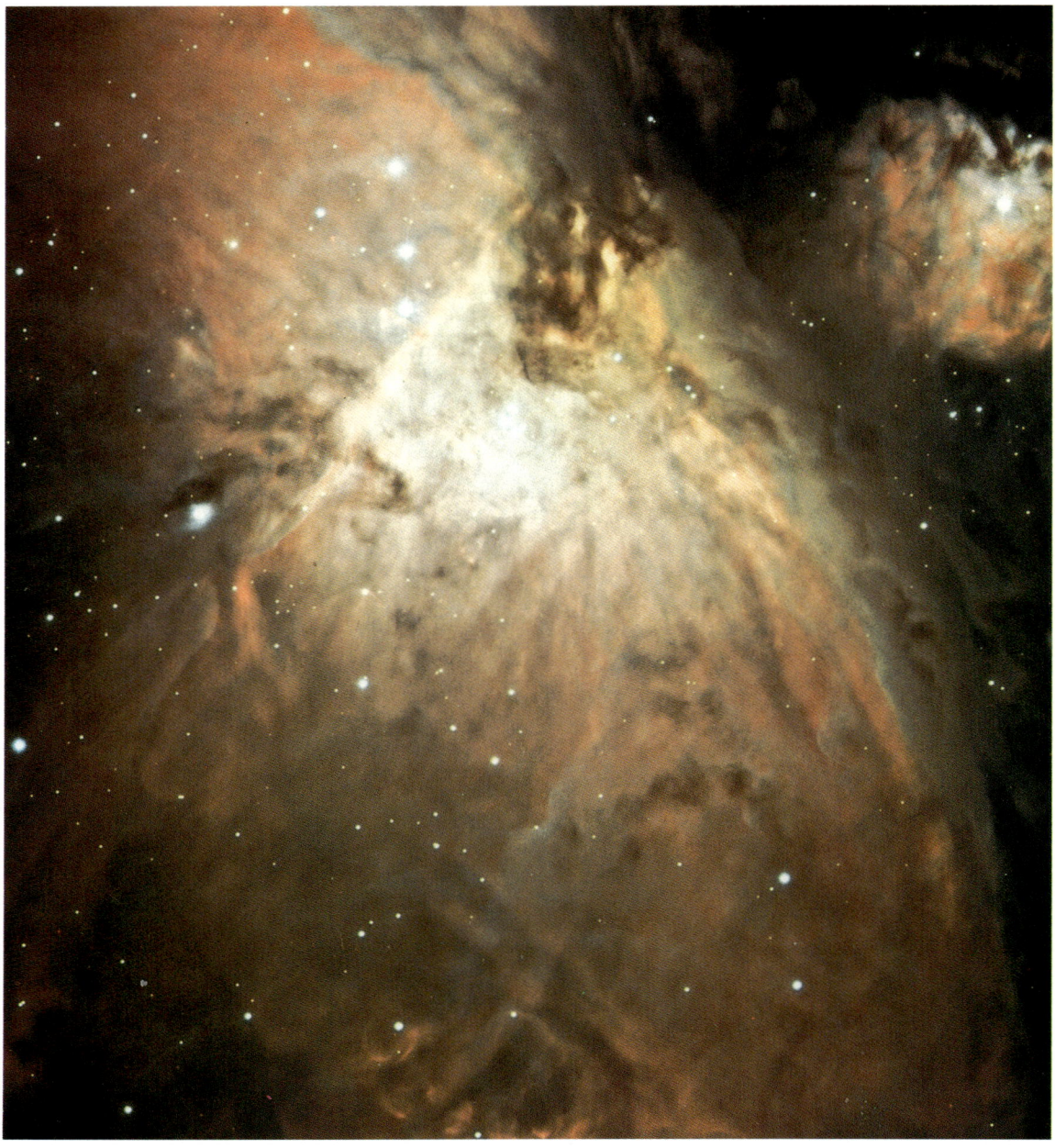

Man kann sich kaum vorstellen, daß unser Sonnensystem noch vor gar nicht langer Zeit geradezu als Inbegriff der Ordnung der Natur galt. Dank Isaac Newtons großartiger Theorie der „Himmelsmechanik" konnten Wissenschaftler seit dem ausgehenden siebzehnten Jahrhundert astronomische Erscheinungen wie die Umlaufzeiten von Planeten, Sonnenfinsternisse und die Wiederkehr von Kometen mit verblüffender Genauigkeit vorhersagen. Newtons Gesetze der Schwerkraft leisteten einen unermeßlichen Beitrag zur Wissenschaft und ermöglichten sogar die Entdeckung neuer Planeten. Im achtzehnten Jahrhundert schufen Instrumentenbauer aus Pendeln und komplizierten Getrieben sogenannte „Planetarien", raffinierte, uhrwerksartige Apparate, die exakt die Umlaufzeiten der im Sonnensystem kreisenden Planeten einhielten.

Doch zu Beginn unseres Jahrhunderts stieß der große französische Physiker und Mathematiker Henri Poincaré auf einen kleinen, aber beunruhigenden Fehler in Newtons Himmelsmechanik. Wenn man nur jeweils zwei Planeten betrachtete, funktionierten die Gleichungen, mit denen man seither die Schwerkraftanziehung der Himmelskörper berechnet hatte, ausgezeichnet. Berücksichtigte man aber ein drittes Objekt, wurden die Gleichungen unlösbar. Dieses sogenannte Dreikörperproblem hatten die Physiker üblicherweise dadurch umgangen, daß sie „lineare Näherungen" benutzten, die sich in den meisten Fällen als elegante Lösung erwiesen. Poincaré wollte dem Problem jedoch theoretisch beikommen und führte in die Gleichungen einen Term ein, der die durch den dritten Körper verursachte Rückkoppelung darstellen sollte. Dadurch wurden die Gleichungen „*nicht*linear", was Poincaré erheblichen Kummer bereitete. Nichtlineare Gleichungen verhalten sich erratisch, da durch die Dynamik der Gleichung einige Terme rapide anwachsen. Aus

Planetarien wie dieses, das Benjamin Martin aus London 1767 für das Harvard Institut anfertigte, veranschaulichten das Universum als Resultat der „Himmelsmechanik". Erst in jüngster Zeit wurde diese Sichtweise durch die wissenschaftliche Erkenntnis abgelöst, daß auch das uhrwerkgleiche Planetensystem Spuren von Chaos aufweist.

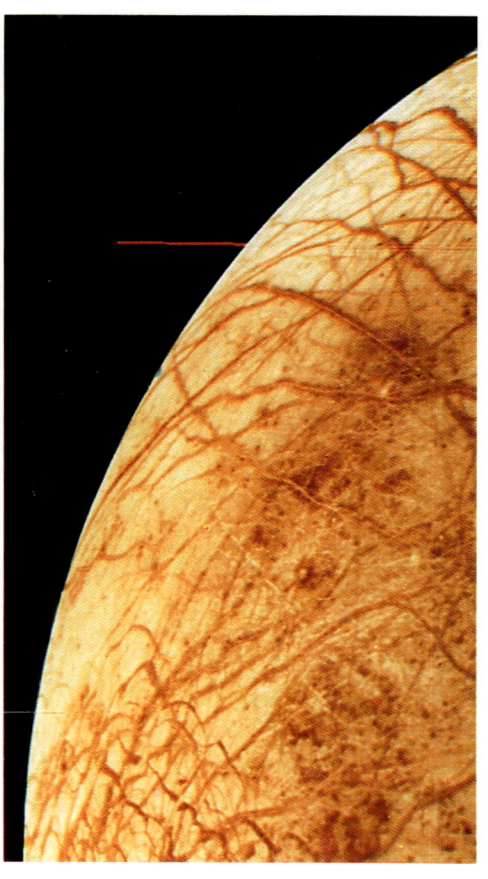

Vergleichbar einem blutunterlaufenen Auge weist das fraktale Muster des Jupitermondes Europa auf die komplexe Dynamik seiner Oberfläche hin. Das chaotische Netz roter Linien – und Linien innerhalb der Linien – ist eine Folge von Brüchen in dem 100 Kilometer dicken Eismantel, der den Planeten umgibt. Die Rinnen sind mit Material aus dem Planeteninneren gefüllt.

Poincarés Lösungen ergab sich, daß ein Planet auf bestimmten Bahnen durch die Anwesenheit eines dritten Körpers ins Trudeln geraten, hin und her pendeln oder sogar davonfliegen könnte.

Das merkwürdige Verhalten der Gleichungen bedeutete, daß das ewige Uhrwerk, das die Planetenbahnen regulierte, unerwartet aus dem Takt geraten könnte. Poincaré klagte, seine Resultate seien „so bizarr, daß ich mich nicht mit ihnen befassen kann", und gab die Berechnungen bald auf. Die Wissenschaftler machten daraufhin weiter mit ihren linearen Näherungen und ließen Poincarés nichtlineare Rückkoppelung als eine Art experimenteller „Störung" außer acht.

Doch was die Wissenschaft einer früheren Epoche als Störung betrachtet hat, kann irgendwann zum Trommelwirbel werden, der eine neue Realität ankündigt. Chaosforscher haben sich in den letzten zwanzig Jahren erneut mit der von Poincaré aufgegebenen Entdeckung befaßt und zunehmend Anhaltspunkte dafür entdeckt, daß die Himmelsmechanik von Chaos durchsetzt ist. Sie fanden zum Beispiel heraus, daß Lücken im Asteroidengürtel zwischen Mars und Jupiter auf die Schwerkraftanziehung des Mars zurückgehen, die im Verhältnis zur Anziehung des Jupiter zwar gering ist, aber doch groß genug, um in einigen Regionen ein solches Chaos zu bewirken, daß sich kein Asteroid in ihnen halten kann. Jack Wisdom, der sich als MIT-Physiker auf die Himmelsmechanik spezialisiert hat, vermutet, daß Asteroiden, die in diese Lücken gerieten, in Richtung der Erde herausgeschleudert wurden, um als Meteoriten auf unserem Planeten aufzuschlagen.

Auch in den Taumelbewegungen des Saturnmondes Hyperion, dessen Form an einen schlappen Rugbyball erinnert, haben Wissenschaftler chaotische Elemente entdeckt. Das merkwürdig schlingernde Verhalten, das dieser 190 km lange Satellit

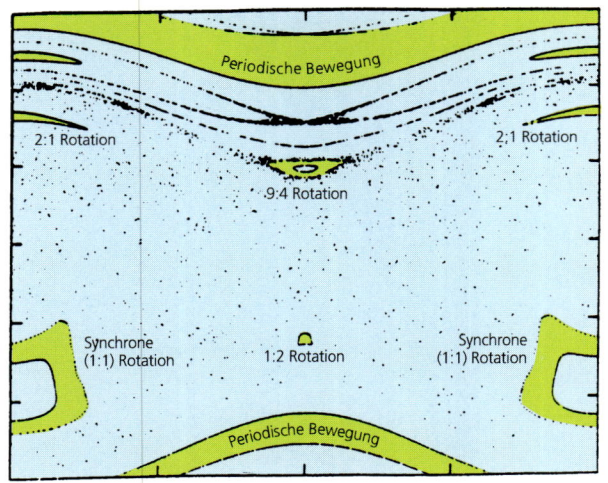

während der Umkreisung seines Mutterplaneten zeigt, wird in einer graphischen Darstellung seiner Bahn deutlich. Nur streckenweise verhält die Rotation Hyperions sich regelmäßig und vorhersagbar, in der Zeichnung angedeutet durch grüne Inseln inmitten eines blauen Meers des Chaos. Auf einigen dieser Inseln der Ordnung dreht Hyperion sich bei jeder Umkreisung Saturns zweimal um seine eigene Achse, auf anderen kommen neun Umdrehungen auf je vier Umläufe, und es gibt sogar Streifen einer regelmäßigen, „periodischen Bewegung".

Das taumelnde Verhalten Hyperions, durch Beobachtungen bestätigt, ist dermaßen unvorhersagbar, daß der Chaosforscher Wisdom sagt: „Selbst wenn wir die Orientierung und Rotation Hyperions zur Zeit des Vorbeiflugs von *Voyager 1* bis auf zehn Stellen genau

hätten bestimmen können, wäre es doch nicht möglich gewesen, seine Orientierung beim Eintreffen von *Voyager 2*, nicht einmal zwei Jahre später, vorherzusagen." Die durch die Inseln der Ordnung in der Graphik dargestellte Selbstähnlichkeit ist fraktaler Natur, ein Hinweis darauf, daß wir es mit einem chaotischen dynamischen System zu tun haben.

Chaosforscher sind inzwischen der Ansicht, daß auch die Bahn (nicht die Rotation) des Planeten Pluto eine chaotische Region durchläuft. Sie halten es für möglich, daß Pluto eines Tages ruckartig auf eine neue Umlaufbahn schlingern könnte.

Überall im Kosmos gibt es fraktale Strukturen, von den Schwankungen planetarischer Umlaufbahnen bis hin zu den Formen und Eigenschaften himmlischer Objekte. Die Verteilung der Krater auf der Mondoberfläche ist ebenso fraktaler Natur wie die Verteilung der Galaxien im Universum. Was die letztere betrifft, so

Das riesige Auge des Jupiters, das sich im Grenzgebiet zwischen Ordnung und Chaos entwickelt. Eine Aufnahme von *Voyager 1*.

weisen die Sternhaufen Lücken auf, in denen sich Haufen befinden, die Lücken aufweisen – das ist genau die zufällige und doch merkwürdig geordnete Gruppierung, an der man ein Fraktal erkennt. Auch das Zyklopenauge des Jupiter ist fraktal; seine Wirbel aus Wirbeln innerhalb von Wirbeln sind ein organisiertes, aus dem Chaos geschaffenes dynamisches System.

Nach der alten wissenschaftlichen Ästhetik beruhte die Schönheit des Alls darauf, daß wir in ihm eine fundamentale mechanische Ordnung wahrzunehmen glaubten. Nach der neuen Ästhetik sehen die Wissenschaftler im Universum einen fluktuierenden ganzheitlichen Zwitter aus Symmetrie und Chaos.

Wissenschaftler vermuten, daß die Lücken zwischen den Ringen des Saturns in irgendeinem Zusammenhang mit Chaos stehen. Die Bahnlücken scheinen durch anziehungsbedingte Rückkoppelungen mit Saturn und seinen Satelliten zu entstehen. Auch im Asteroidengürtel von Mars und Jupiter befinden sich mehrere orbitale Lücken, leere Regionen, die mit ziemlicher Sicherheit durch Chaos erzeugt worden sind.

DAS WETTER VON HEUTE –
EIN CHAOS

*Es kann geschehen, daß geringe Differenzen in den Anfangs-
bedingungen sehr große Differenzen in den Endphänome-
nen hervorrufen ... Ein Zehntelgrad mehr oder weniger an
irgendeiner Stelle, und der Zyklon bricht hier los und nicht
dort und richtet seine Verwüstungen in Ländern an, die er
ansonsten verschont hätte. Wir hätten dies vorhersehen
können, wenn wir von diesem Zehntelgrad gewußt hätten,
doch die Beobachtungen waren weder hinreichend gründlich
noch hinreichend genau, und so scheint alles auf dem Zufall
zu beruhen.*

–HENRI POINCARÉ, großer Physiker des neunzehnten Jahrhunderts,
der sich vielleicht als erster Wissenschaftler
den Verwicklungen des dynamischen Chaos gestellt hat.

Die Tasse Kaffee des Meteorologen Edward Lorenz ist weltberühmt. Als er in seinem Labor am Massachusetts Institute of Technology vom Computer aufstand, um Kaffee zu trinken, ahnte er nicht, daß die turbulenten Wirbel des Dampfes, die er über dem Tassenrand aufsteigen sah, ein Sinnbild der revolutionären chaotischen Botschaft waren, die sein Computer genau in diesem Augenblick errechnete. Was Lorenz fand, als er an seinen Computer zurückkehrte, ist in den letzten zwanzig Jahren weltweit in Büchern und Zeitschriften beschrieben worden.

Lorenz hatte an einem einfachen Modell mit drei Variablen für die Wettervorhersage gearbeitet, und sein Computer hatte Zahlenwerte in die nichtlinearen Gleichungen des Modells eingearbeitet, um eine Vorhersage zu erstellen. Weil er die Vorhersage um einige Tage verlängern wollte, mußte er das Programm noch einmal durch den Computer laufen lassen. Da die Computer in den sechziger Jahren ziemlich langsam waren, wählte Lorenz eine Abkürzung und rundete die Zahlen ab, die er in die Gleichungen seines Modells eingab. Er nahm an, daß die beiden Berechnungen eine leichte Diskrepanz aufweisen würden, doch er war sicher, daß sie nicht groß genug sein würde, um das erwartete Ergebnis nennenswert zu beeinflussen. Er setzte den Computer mit der abgekürzten Version seines Vorhersagemodells in Gang und ging seinen Kaffee trinken.

Als er zurückkam, fand er ein Chaos.

Hurrikan und Tornado, zwei meteorologisch unterschiedliche Ereignisse, sind beide selbstorganisierte Formen, die aus dem zugrundeliegenden Wetterchaos entstehen. Sie gleichen den wirbelnden und zugleich eigenartig geordneten Strukturen, die am Grenzbereich der Mandelbrot-Menge liegen.

Die Art, wie sich Blitze ständig verzweigen, folgt einem fraktalen Muster. Die Linien der Blitze, deren Details sich auf vielen Skalen wiederholen, besitzen eine fraktale Dimension, welche zwischen der eindimensionalen euklidischen Linie und der zweidimensionalen euklidischen Ebene liegt. Für viele Blitze wird mit Hilfe der fraktalen Geometrie eine Dimension von 1,3 errechnet.

Lorenz entdeckte auf seinem Computer, daß die geringe Differenz, die zwischen den Anfangswerten der beiden Durchläufe bestand, „explodiert" war, wie die Chaosforscher heute sagen, so daß er nun zwei ganz verschiedene langfristige Vorhersagen hatte. Die Wirkung, die er beobachtete, ersehen wir aus der nebenstehenden graphischen Darstellung zweier langfristiger Vorhersagen von Winden aus westlicher Richtung.

Die Ausgangsdaten für die beiden langfristigen Vorhersagen der Windgeschwindigkeit liegen sehr nahe beieinander. Im einen Fall wird die Anfangsgeschwindigkeit mit 12,00 Metern, im anderen mit 11,98 Metern pro Sekunde angenommen. Trotz der geringen Differenz stimmen die Vorhersagen während der ersten fünfzehn Tage weitgehend überein. Doch danach beginnen sie radikal voneinander abzuweichen. Daraus zog Lorenz den Schluß, daß Wettervorhersagen ungeheuer empfindlich sind für die Ausgangsdaten, die der Meteorologe in das Modell eingibt. Kleine Ungenauigkeiten in diesen Daten wachsen sich schnell zu großen Fehlern in der Vorhersage aus. Jede Information, die der Meteorologe nicht erfaßt und in sein Modell eingibt (zum Beispiel die Information, die ausgelassen wird, wenn ein Computer Werte mit mehreren Dezimalstellen abrundet), macht die Vorhersage am Ende wertlos.

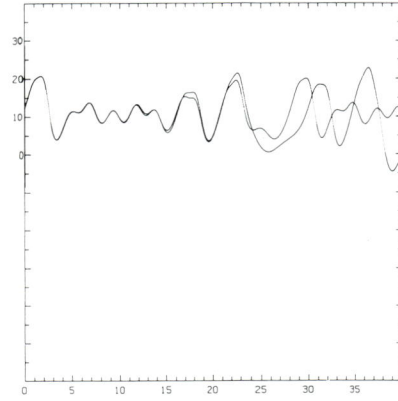

Das war aber noch nicht alles. Daß Vorhersagemodelle immer nur von begrenzter Genauigkeit sind, war Lorenz klar. Das Problem ist vielmehr, daß es selbst bei einem noch so ausgeklügelten Modell keine hinreichend genauen Ausgangsdaten geben kann, weil das Wetter selbst so dynamisch, so empfindlich für die

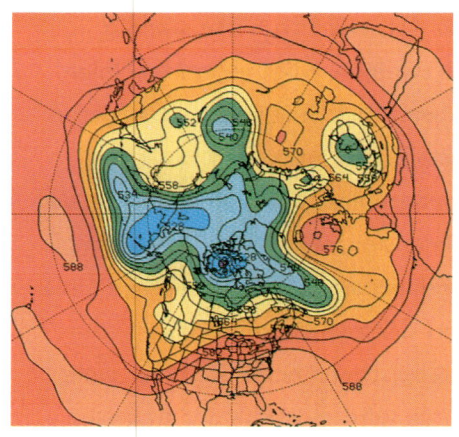

Das Wetter über dem Nordpol am 28. Mai 1991.

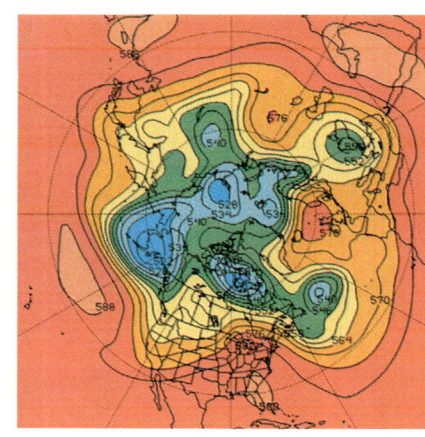

Die Wettervorhersage für den 30. Mai (2 Tage später), ausgehend von den Bedingungen in Karte A.

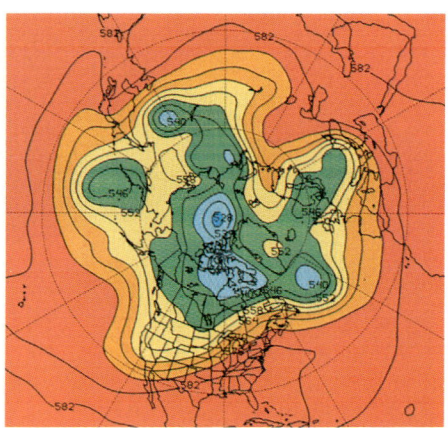

Eine Vorhersage für den 12. Juni (15 Tage später), basierend auf den Anfangsbedingungen in A.

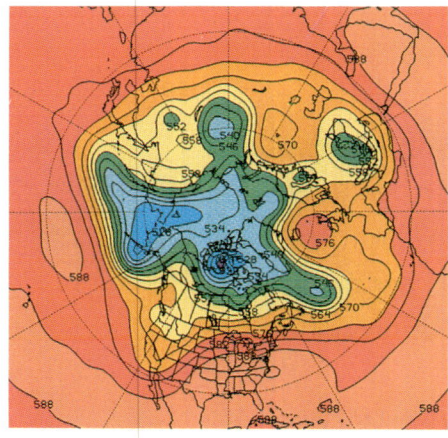

Die Wetterlage am 28. Mai hat sich sechs Stunden später kaum verändert. Die Unterschiede zwischen beiden Ausgangswetterkarten sind geringfügig. Projiziert man jedoch die fast gleichen Wetterlagen in die Zukunft, so stellt sich die Problematik von Langzeitprognosen.

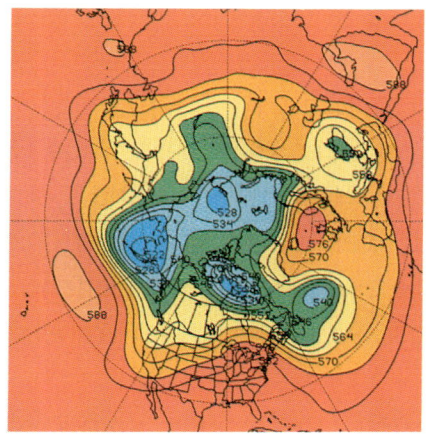

Die Wetterprognose für den 30. Mai, ausgehend von der Wetterkarte B. Zu diesem Zeitpunkt beginnen die Vorhersagen von A und B voneinander abzuweichen.

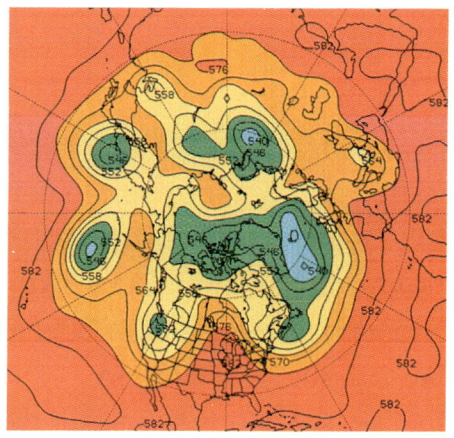

Die Wettervorhersage für den 12. Juni, wie sie sich aus den Bedingungen in B ergibt. 15 Tage später weichen die Prognosen von A und B so stark voneinander ab, daß sie weitgehend unterschiedliche Wetterlagen vorhersagen.

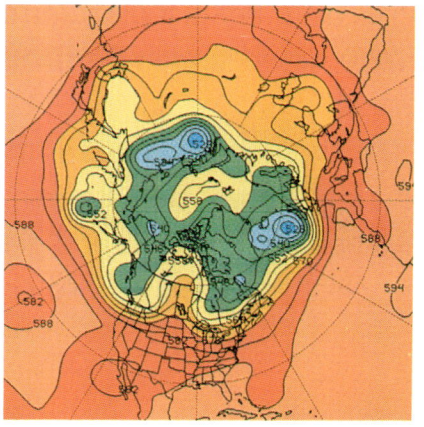

Das Wetter, wie es sich am 12. Juni wirklich zeigte. Da das Wetter auf die geringsten Einflüsse sensitiv und dynamisch reagiert, wird nach Meinung der Chaosforscher die Genauigkeit von Wetterprognosen immer zu wünschen lassen.

in ihm zirkulierenden „Informationen" ist, daß noch der Flügelschlag eines Schmetterlings im brasilianischen Urwald berücksichtigt werden müßte. Lorenz kam daher zu dem Schluß: Eine genaue langfristige Wettervorhersage ist nicht nur praktisch, sondern auch theoretisch unmöglich. Aksel Wiin-Nelson, Direktor des Europäischen Zentrums für mittelfristige Wettervorhersage, drückt es folgendermaßen aus: „Wir glaubten, daß es für die Vorhersage des Wetters eigentlich keine Grenzen gibt, wenn man nur den Zustand der Atmosphäre gut genug kennt und auf hinreichend starken Computern die richtigen Modelle baut. Lorenz' Ergebnis war für uns ein ziemlicher Schock."

Eigentlich enthüllte Lorenz' Entdeckung nur, was für jeden auf der Hand liegt. In dem riesigen dynamischen System, das wir „Wetter" nennen, ist alles durch Rückkoppelung mit allem anderen verknüpft. Der genaue Punkt, an dem ein „Teil" eines solchen Systems beginnt, hat daher enormen Einfluß darauf, wo dieser Teil schließlich landet. Auch wenn zwei Eisstückchen, die in der oberen Atmosphäre treiben, fast genau an der gleichen Stelle starten, werden die mikroskopischen Unterschiede in den Anfangsbedingungen dennoch zu einem ganz unterschiedlichen Schicksal der beiden Stückchen führen. Auf jede Schneeflocke wirken, während ihr Kristall wächst, komplexe und subtile dynamische Kräfte ein, so daß am Ende ganz verschiedene Formen entstehen. Die Ausnahme bestätigt die Regel. Umseitig sieht man zwei Schneekristalle, die Nancy Knight vom International Satellite Cloud Climatology Project der NASA entdeckte und die nach Ansicht von Frau Knight, „wenn nicht identisch, so doch sicherlich sehr ähnlich" sind. Sie vermutet, daß die beiden, während sie niederschwebten, wie siamesische Zwillinge aneinander hingen und daher praktisch den gleichen dynamischen Kräften ausgesetzt waren. Trotzdem können wir noch Unterschiede erkennen.

Da alle Elemente des Wetters (Temperatur, Luftdruck, Feuchtigkeit usw.) einer empfindlichen Abhängigkeit von den Anfangsbedingungen unterliegen, zu denen sogar noch Ort und Zustand einzelner Moleküle in der Atmosphäre zählen, werden langfristige Vorhersagen immer vom konkreten Wetter abweichen, gleichgültig, wie sehr der Meteorologe seine Informationen verfeinert.

Lorenz fand eine Möglichkeit, die wachsende Abweichung in den Gleichungen seines Wettermodells graphisch darzustellen. Heraus kam eine eigenartige Gestalt, ein sogenannter *seltsamer Attraktor.* Dieser seltsame Attraktor, den man schließlich nach Lorenz benannte, ist ein abstraktes Porträt der endlosen Verwicklungen und Auflösungen des dynamischen Systems namens „Wetter".

Die Selbstähnlichkeit und die unablässige Veränderung auf allen Aktivitätsebenen, die man beim Lorenz-Attraktor beobachtet, zeigt, daß seine graphische Darstellung ein Fraktal ist.

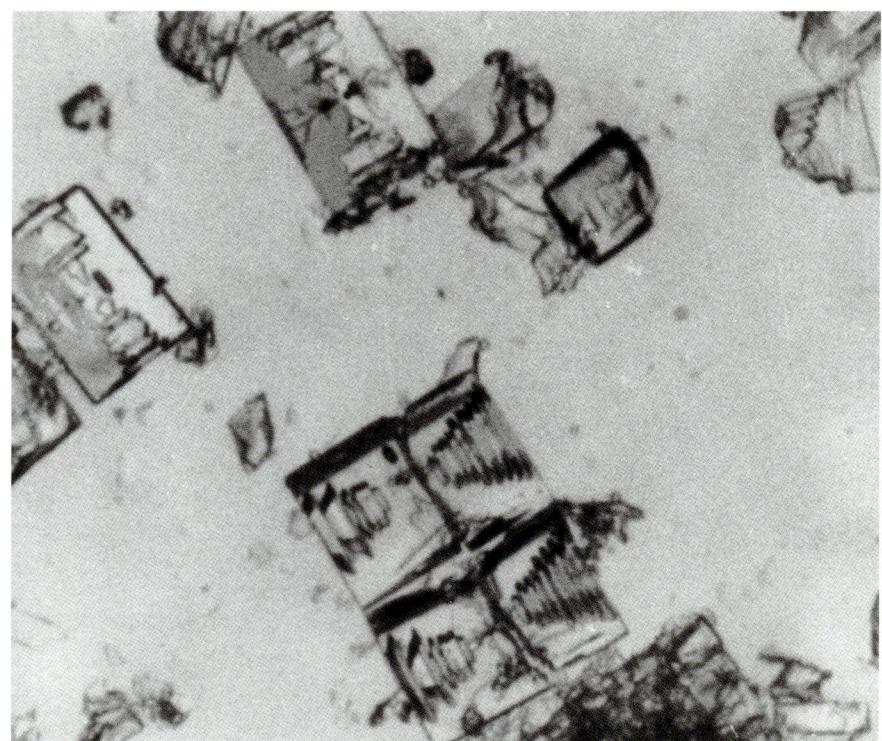

Das Wetter ist ein typisches chaotisches System. Wegen seiner ständigen Rückwirkung auf sich selbst – seiner „Iteration" – weist es ein breites Spektrum von Verhaltensweisen auf zahlreichen Ebenen auf, aber dennoch bleibt es in den weiten Verhaltensgrenzen, die wir „Klima" nennen. Klima ist ein anderes Wort für den seltsamen Attraktor des Wetters.

Es besteht keine Aussicht, daß die Meteorologen jemals vollkommen genaue Vorhersagen machen werden, doch bedienen sie sich inzwischen der Chaostheorie, um die Zuverlässigkeit ihrer Modelle zu bewerten und abzuschätzen, ob bestimmte Anfangsbedingungen instabiler sind als andere. Vielleicht werden die Fünftage-Vorhersagen unserer Meteorologen in Kürze mit einem „Verläßlichkeitsindex" versehen sein.

ZWISCHEN DEN DINGEN: FRAKTALE DIMENSIONEN

Ich prägte den Ausdruck „fraktal" nach dem lateinischen Adjektiv fractus. *Das entsprechende lateinische Verb* frangere *bedeutet „brechen": unregelmäßige Fragmente erzeugen. Es ist daher sehr sinnvoll – und kommt unseren Zwecken sehr entgegen! –, daß* fractus *nicht nur „gebrochen" bedeutet (wie bei Bruchzahlen und der optischen Brechung), sondern auch „unregelmäßig", wobei die beiden Bedeutungen in „Fragment" bewahrt sind.*

–BENOÎT MANDELBROT

Der in Polen geborene und in Frankreich aufgewachsene amerikanische Mathematiker Benoît Mandelbrot erregte 1967 Aufsehen, als er bewies, daß die Küstenlinie Englands unendlich lang ist. Das war eine von mehreren seltsamen Folgerungen, die sich aus der neuen, von Mandelbrot erdachten Geometrie ergaben.

Geometrie bedeutet wörtlich „Landmessung". Die euklidische Geometrie mißt das Land anhand von Entfernungen, d. h. Winkeln und Strecken. Sie stellt das Land abstrakt dar als leere, glatte Parzellen, bestehend aus Punkten, Geraden, Kreisen, Rechtecken, Dreiecken, Kuben und Kugeln. Mandelbrots Revolution bestand darin, daß er zeigte, was jeder weiß – daß die wirkliche Landschaft ganz und gar nicht glatt und leer ist und daß Entfernung relativ ist. Das wirkliche Land ist ausgefüllt, gebogen, geknickt, vernarbt. Wenn Sie den Maßstab am Fuß einer Landkarte benutzen, um die Entfernung zwischen zwei Orten zu berechnen, kommen Sie wahrscheinlich auf ein falsches Ergebnis. Auf der Karte sieht eine Landstraße gerade aus, doch eine reale Straße hat Kurven und überwindet Berge. Fünfzehn Kilometer „im Vogelflug" (dabei ist es ein Irrtum anzunehmen, daß Vögel geradeaus fliegen) ergeben auf der Straße viel mehr. Mandelbrot zeigte, daß Entfernungen zu Lande vom Maßstab und von Details der Landschaft abhängen.

Nehmen Sie eine Landkarte von Großbritannien, legen Sie einen Faden um die Küstenlinie und bestimmen Sie dessen Länge anhand des Kartenmaßstabs. Verfahren Sie nun

Die fraktale Faltung dieser Landschaft in der Nähe von Elmira, New York, liegt zwischen der zweidimensionalen Ebene und dem dreidimensionalen Raum. Die Stadt Elmira, in Purpurrot dargestellt, liegt westlich der tiefliegenden, weißen Wolkenbank, die im Flußtal des Chemung hängt. Mark Eustis von der Earth Observation Satellite Company, von der das Bild stammt, erklärt: „Die Wälder des zentralen Gebirgszuges Pennsylvanias sind braungrün gefärbt. Sie sind umgeben von zufällig angelegten Feldern, deren Anordnung über die südlich gelegenen Berge und Täler einem Muster folgt, das jeden Flußverlauf und jede geographische Grenze mißachtet. Die Gegend hier ist ein klassisches Beispiel für ein Verzweigungssystem." Ziel der fraktalen Geometrie ist es, Gegenstände und Prozesse zu beschreiben, die die zahlreichen Nischen zwischen unseren konventionellen euklidischen Dimensionen besetzen. Die fraktale Struktur dieser Landschaft ist das Ergebnis eines Zusammenspiels von chaotischen Kräften.

genauso mit einer detaillierteren Seekarte des Vereinigten Königreichs. Seltsamerweise ist die Küstenlinie auf der zweiten Karte länger. Sollten Sie, ausgerüstet mit einem Paar fester Stiefel, einem Meßstab von einem Meter Länge und einigen Monaten Urlaub, die britische Küstenlinie zu Fuß vermessen, würden Sie wiederum auf eine größere Länge kommen. Wenn Sie ein Lineal von einem Zentimeter Länge nehmen, wird die Küste nochmals sehr viel länger ausfallen. Diese protei-

Eine Küstenlinie besitzt eine fraktale Struktur, die auf dem Wirken des dynamischen Chaos beruht. Vergrößert man einen kleinen Ausschnitt einer Küstenlinie, so wird er dem Umriß im größeren Maßstab ähnlich sein. Zieht man eine Linie, die jeder Windung des Küstenverlaufs folgt, so ergibt sich ein komplexes Gebilde, das nach der fraktalen Geometrie zwischen den Dimensionen liegt.

sche Verlängerung der britischen Küstenlinie beruht darauf, daß Sie, je kleiner das Lineal ist, um so mehr von den Windungen und Biegungen der Küste messen können. Stellen Sie sich vor, auf welche Länge Sie kämen, wenn Sie mit einem Meßstab, der gerade ein Photon lang ist, die Moleküle an der Wasserkante messen könnten! Mandelbrot behauptete, daß man die euklidische Idee der Entfernung (und des Maßes) aufgeben müsse, wenn man berücksichtigen wolle, wie die Punkte, Geraden, Flächen und Körper den realen Raum ausfüllen. Mandelbrot verknüpfte diese Idee mit den Erkenntnissen einiger Mathematiker, die gegen Ende des neunzehnten Jahrhunderts den euklidischen Dimensionsbegriff in Frage gestellt hatten. Diese Mathematiker, unter ihnen die Deutschen Karl Weierstrass und Helge von Koch sowie der Italiener Giuseppe Peano, hatten ihre Kollegen dadurch schockiert, daß sie gekrümmte Linien schufen, sogenannte Monsterkurven, die ineinander so verwickelt waren, daß sie eine Fläche vollständig ausfüllen konnten. Seither sind viele weitere Monsterkurven geschaffen worden. Hier eine, die man „Hilbert-Kurve" nennt. (Zur Klarstellung: Für Mathematiker ist jede Linie, die Biegungen aufweist, eine „Kurve".) Die Hilbert-Kurve wird erzeugt, indem man mit einer einfachen Figur beginnt:

An jede ihrer drei Seiten wird diese Figur nun nochmals angelegt, und einiges wird wegradiert. Das Ergebnis sieht so aus:

Nun iterieren (wiederholen) Sie die Figur mehrmals, wobei Sie sie wie oben an sich selbst anlegen, und beobachten Sie, wie sich der Raum zu füllen beginnt.

Theoretisch läßt sich die Iteration der Hilbert-Kurve endlos durchführen, so daß die Kurve jeden Punkt einer Fläche schneidet, ohne sich selbst zu schneiden – daher die Zweideutigkeit: Ist die resultierende Figur noch eine eindimensionale Linie, oder ist sie zu einer zweidimensionalen Fläche geworden?

Solche als Kolam bezeichnete Strukturen können von Indern, die darin unterrichtet wurden, sehr schnell gezeichnet werden, berichtet der Biomathematiker Przemyslaw Prusinkiewicz. Diesen „Soissors" getauften Kolam entwickelte Prusinkiewicz auf einem Computer mit Hilfe eines iterativen Algorithmus, der dem für die raumfüllende Hilbert-Kurve ähnlich ist. Für Prusinkiewicz ist es „erstaunlich, daß Bewohner Indiens jahrhundertelang Fraktale als Kunstform verwendeten." Fraktale sind in vieler Hinsicht wichtig für die Kunst. Architekten haben zum Beispiel erkannt, daß die irregulären Oberflächen von Konzerthallen die weichen Sinuswellen der Orchesterinstrumente fraktalisieren und deren Klangwirkung bereichern.

Die Mathematiker des neunzehnten Jahrhunderts mühten sich mit monströsen, raumfüllenden Kurven wie dieser hier ab, aber auch mit unterbrochenen Linien wie der „Cantor-Menge", und kamen zu dem Schluß, daß man sie bildlich gesprochen am besten in theoretisches Formaldehyd einlegt, sie bildlich gesprochen in Gläser packt und auf einem rückwärtigen Regal mit der Aufschrift „Kuriositäten" abstellt – als sonderbare Anomalien, die für den rationalen Fortschritt der geometrischen Erkenntnis keine Bedeutung haben. Dort holte Mandelbrot sie in den sechziger Jahren heraus, entstaubte sie und hielt sie gegen das Licht. Er erkannte in diesen pathologischen Formen, die er „Fraktale" nannte, einen wichtigen Schlüssel zu einer neuen Mathematik natürlicher Formen wie Wolken, Bäume und Gebirge.

Die klassischen Fraktale – die des neunzehnten Jahrhunderts – entstehen dadurch, daß man in einem rekursiven oder iterativen Prozeß Elemente hinzufügt oder fortnimmt. Wir haben diesen Prozeß bei der Erzeugung der Hilbert-Kurve verfolgt. Hier die Erzeugungssequenz eines anderen klassischen Fraktals, der Koch-Kurve, das dadurch entsteht, daß man bei jeder Iteration der Mitte jeder geraden Linie ein Dreieck anfügt. Ganz unten die erste Generation.

Dieses Fraktal wird zwar durch das wiederholte Anlegen von Dreiecken voll-kommen symmetrisch, doch erkannte Mandelbrot, daß die Koch-Kurve tatsäch-lich an die detaillierte, rekursive Zerklüftetheit einer realen Küstenlinie erinnert.

Er fand heraus, daß auch klassische Fraktale dadurch entstanden waren, daß man wiederholt (iterativ) etwas fortgenommen hatte. Beim einfachsten Beispiel dieser Art von Iteration wird das mittlere Drittel einer Linie herausgenommen, und durch endlose Wiederholung dieser Operation entsteht ein „Staub" von Punkten, den man nach seinem Entdecker, dem in Rußland geborenen deutschen  Mathematiker Georg Cantor, als Cantorschen Staub bezeichnet.

Dieser Staub erinnert ebenso wie die Koch-Kurve an Strukturen, die in der

Diese alten, in Sandstein fixierten Blasen weisen eine natürliche fraktale Skalierung auf, die an den Cantorschen Staub erinnert. Das dynamische Chaos der Blasenbildung hat das fraktale Muster hinterlassen.

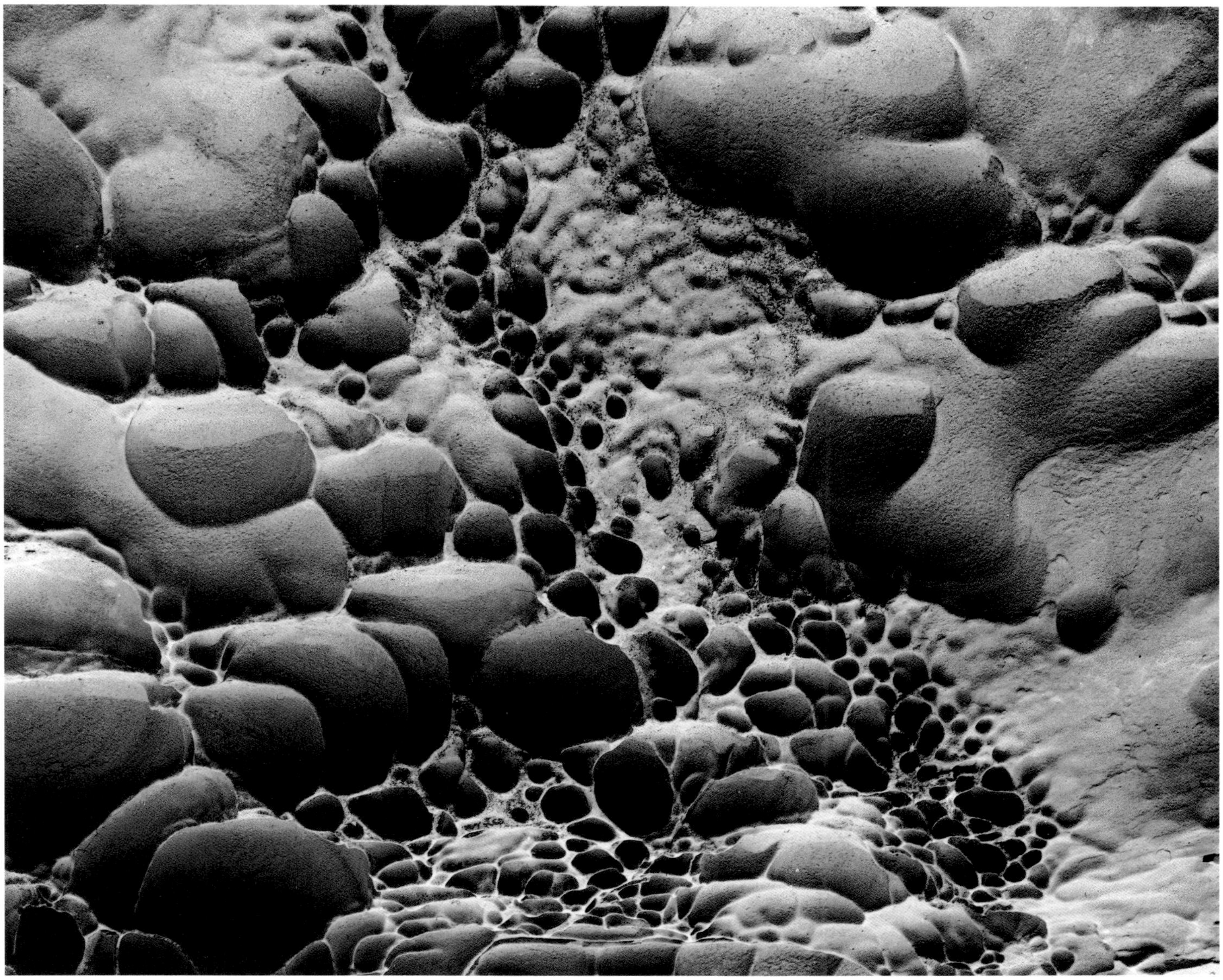

Natur vorkommen – obwohl auch er allzu symmetrisch ist –, zum Beispiel daran, wie sich die Sterne in Haufen und Staubwolken über den Nachthimmel verteilen.

Eine komplexere Form der Erzeugung eines Fraktals durch Fortnehmen besteht in einer Iteration, bei der aus Dreiecken wiederholt Dreiecke herausgenommen werden, so daß eine Figur entsteht, die man als Sierpinski-Dreieck bezeichnet.

Durch diese iterativen Subtraktionen schrumpft das zweidimensionale Dreieck zu einer Figur zusammen, die den Raum zwischen einer und zwei Dimensionen ausfüllt.

Die Sierpinski-Iteration läßt sich auch an einem dreidimensionalen Objekt durchführen, indem man Pyramiden aus Pyramiden herausnimmt. Das Resultat ist die sogenannte Sierpinski-Pfeilspitze. Das hier abgebildete Beispiel wurde von Wissenschaftlern an der University of Regina in Kanada phantasievoll als „Desk-top-Tetraeder" auf einem Computer erzeugt. Die Pfeilspitze weist mehr Räume als ein Schwamm auf und liegt irgendwo halbwegs zwischen einer zweidimensionalen Fläche und einer dreidimensionalen Pyramide.

Die klassischen Fraktale, mit denen sich Mandelbrot zunächst befaßte, nennt man inzwischen „lineare Fraktale", womit angedeutet wird, daß die Linien in den Figuren im Laufe der Iterationen gerade bleiben. Das bedeutet mit anderen Worten, daß die Rückkoppelungsschleife der Iteration, welche die Figur erzeugt, reguliertes Wohlverhalten zeigt, so daß die erzeugten Figuren in vielen Maßstäben selbstähnlich sind. Nehmen Sie einen Bruchteil der Sierpinski-Pfeilspitze und vergrößern Sie ihn, und vergrößern Sie dann einen Bruchteil dieser ersten Vergrößerung. Beide Vergrößerungen werden einander exakt gleichen. Vergleichen Sie damit, was bei zunehmender Vergrößerung mit einem Bruchteil einer klassischen euklidischen Figur geschieht, etwa eines Kreises. Je stärker die Vergrößerung wird, um so kleiner wird der Abschnitt der Kreiskurve, und die Kurve wird zunehmend einer geraden Linie ähnlich. Mit wachsender Vergrößerung wird kein neues Detail sichtbar. Wenn Sie dagegen Teile von Fraktalen vergrößern, werden diese neue, wenngleich selbstähnliche Details zeigen.

Selbstähnlichkeit und Skalierungsinvarianz sind, wie Mandelbrot erkannte, charakteristisch für Fraktale schlechthin, auch wenn nicht alle Fraktale in ihren Skalierungsdetails so symmetrisch sind wie die linearen, „klassischen" Fraktale, etwa das Sierpinski-Dreieck und die Koch-Kurve. Mandelbrot entdeckte, daß die Rückkoppelung der Iteration, die ein Fraktal erzeugt, unter Verwendung von „nicht-linearen" Gleichungen gerade Linien zu Kurven und Wirbeln krümmen und bewirken kann, daß die Selbstähnlichkeit auf unterschiedlichen Maßstäben in vielfältiger Weise deformiert und dadurch unvorhersagbar wird – es entsteht eine „statistische Selbstähnlichkeit". Das wohl bekannteste Beispiel eines nichtlinearen

Fraktals ist die Mandelbrot-Menge. Die am Rand dieses mathematischen Objekts auftretenden Wirbel und Leuchtkugelexplosionen erzeugen eine Küstenlinie von unendlicher selbstähnlicher Kompliziertheit. (Siehe *Mandelbrot-Menge.*)

Schließlich wurde ein dritter Fraktaltyp entdeckt, der in die Iteration ein Zufallselement einführt. Wenn man beispielsweise die Größe und Form der innerhalb von Dreiecken iterierten Dreiecke zufallsartig verändert, läßt sich die Unregelmäßigkeit eines Gebirges imitieren. Zufallsfraktale erlauben es Computergraphikern, die naturgegebene Rauhheit und Unregelmäßigkeit von solchen Oberflächen wie Wolken, Wellen und Bergen und die Verzweigungsmuster von Bäumen zu modellieren. (Siehe *Imitationen.*)

Doch ungeachtet dessen, ob das Fraktal klassisch (linear), nichtlinear oder zufällig ist – die komplexe Art und Weise, in der es den Raum füllt, weist es als ein

Die wilde Ausbreitung eines Waldbrandes verhält sich fraktal wie eine Küstenlinie.

Wie ein Feuer breiten sich auch Krankheiten in Obstplantagen aus. Wissenschaftler können aufgrund ihrer Kenntnis über Fraktale die Anzahl von Bäumen bestimmen, die nach dem Zufallsprinzip aus den Reihen einer Plantage entfernt werden müßten, um die Ausbreitung einer Krankheit zu verhindern.

Objekt zwischen den ganzzahligen Dimensionen aus. Dank der geometrischen Erfindung Mandelbrots können Mathematiker und Wissenschaftler jetzt die fraktalen Dimensionen praktisch aller faltigen, geknickten oder baumartigen Objekte berechnen, die in vielen Maßstäben Details besitzen, angefangen von mathematischen Objekten wie der Mandelbrot-Menge über natürliche Objekte wie Bäume bis hin zu menschlichen Erzeugnissen wie Schweizer Käse.

Die fraktale Dimension gibt, einfach ausgedrückt, den Grad der Detailliertheit oder Fältelung des Objekts an; sie zeigt, wie stark es den Raum zwischen den euklidischen Dimensionen ausfüllt. Die zerklüftete Küstenlinie Britanniens bildet eine Linie, die hinreichend zerknittert ist, um eine Fläche teilweise auszufüllen. Wissenschaftler beschreiben diese Küstenlinie heute mit Hilfe von Verfahren, die Mandelbrot entwickelte, als ein Fraktal mit der Dimension 1,25, vergleichbar der Koch-Kurve, die die Dimension 1,2618… besitzt – die Dimension liegt also bei einem Viertel des Weges zwischen der Geraden und der Fläche. Das Sierpinski-Dreieck ist ein Fraktal mit der Dimension 1,584…; Protein-Oberflächen wölben und runzeln sich in den dreidimensionalen Raum hinein mit einer Dimension, die bei 2,4 liegt. Man hat in der fraktalen Welt Objekte entdeckt, die den Raum auf eine unglaublich komplizierte Weise füllen. Mathematiker haben jetzt bewiesen, daß der Rand der Mandelbrot-Menge so verwickelt ist, daß er eine eindimensionale Linie mit der Dimension 2 ist. Die zweidimensionale Oberfläche des menschlichen Gefäßsystems ist gefaltet, gekrümmt und so weitläufig gepackt, daß sie tatsächlich die fraktale Dimension 3 besitzt; schon das System der Arterien hat allein die Dimension 2,7.

Ein Fraktal in unserem Kühlschrank: Der Blumenkohl ordnet seine Röschen in verschieden großen, selbstähnlichen Strukturen an. In diesem Fall ist das selbstähnliche Muster eine Folge des dynamischen Wachstumsprozesses, der den verfügbaren Raum zwischen den Dimensionen füllte.

Man stelle sich ein Blatt Papier als eine zweidimensionale Ebene vor. Zerknüllt man es nun, so befindet es sich weder in der Ebene noch im Raum, sondern irgendwo zwischen der zweiten und dritten Dimension. Mittels fraktaler Geometrie ermittelte man für diesen gefärbten Papierknäuel eine fraktale Dimension von 2,5.

Die meisten natürlichen Objekte, darunter auch wir selbst, setzen sich aus vielen verschiedenartigen, ineinander verflochtenen Fraktalen zusammen, die jeweils „Teile" mit unterschiedlichen fraktalen Dimensionen aufweisen. Die Bronchien der menschlichen Lunge besitzen beispielsweise für die ersten sieben Verzweigungsgenerationen eine gemeinsame fraktale Dimension und für die anschließende Verzweigung eine andere. In der komplexen natürlichen Umwelt wurden verwickelte Strukturen selbstähnlicher, skalierter Details durch die dynamischen Kräfte bestimmt, die auf Evolution, Wachstum und Funktion einwirken. In der ersten Ausgabe seines 1977 erschienenen bahnbrechenden Buchs *Die Fraktale Geometrie der Natur* definierte Mandelbrot den Begriff des Fraktals mit Hilfe des mathematischen Verfahrens, das der Berechnung der fraktalen Dimension eines Objekts oder Prozesses dient. In einer späteren Ausgabe bedauerte er, überhaupt eine strenge Definition des Fraktals gegeben zu haben. Er schreibt: „Das wichtigste Hilfsmittel des Denkens ist für mich das Auge. Es sieht Ähnlichkeiten, bevor noch eine Formel aufgestellt ist, um sie zu identifizieren." Auf intuitive Weise werden wir fraktale Muster erkennen, lange bevor wir sie logisch und mathematisch spezifizieren können. Eine Definition offen zu lassen, ist in Mathematik und Naturwissenschaft nicht ungewöhnlich, und es scheint gerade der Idee des Fraktals besonders angemessen zu sein. Nicht nur, daß diese Offenheit uns erlaubt, den Reichtum dieser Idee ohne willkürliche Einschränkungen zu erforschen – sie unterstreicht zudem die große Veränderung, welche die fraktale Geometrie gebracht hat: fort von der strengen Quantifizierung der Natur, der Messung von Objekten und Prozessen mit Hilfe von Graden, Längen und geeichten Zeitintervallen, und hin zu einer angemessenen Würdigung der *Qualitäten* der Natur, zu denen etwa die Rauhheit, die Offenheit, der Verzweigungscharakter

und die an eine Achterbahnfahrt erinnernde „fraktale Zeit" gehören. Wenn wir nicht auf eine strenge Definition der fraktalen Geometrie beschränkt sind, können wir erkennen, daß diese Geometrie mehr ist als ein Maß der Natur; sie vermag unsere Aufmerksamkeit auf die vielfältige Aktivität zu lenken, die sich seit jeher in den riesigen, belebten Räumen und Ritzen abspielte, die von unserer alten, quantitativen euklidischen Wahrnehmung übersehen wurden.

DIE UNVERGLEICHLICH SCHÖNE MANDELBROT-MENGE

Holen Sie sich einen beliebigen Teil der Menge mit jeder beliebigen Vergrößerung heran – er zeigt stets eine Reproduktion seiner selbst. Bei fortgesetzter Vergrößerung erscheint immer wieder ad infinitum *das gleiche Bild. In der* Poetik des Raums *sagt Gaston Bachelard, daß der Wissenschaftler „bereits gesehen hat, was er im Mikroskop beobachtet, und paradoxerweise könnte man sagen, daß er nie etwas zum ersten Mal sieht".*

–KLAUS OTTMANN, Museumsdirektor
und mitarbeitender Herausgeber von *Flash Art.*

Die Mandelbrot-Menge ist vor allem wegen ihrer berückenden Schönheit zum berühmtesten Objekt der modernen Mathematik geworden. Sie ist zugleich die Brutstätte der berühmtesten Fraktale der Welt. Seit 1980 haben Künstler sich von ihr inspirieren lassen, Schüler sie bestaunt und Wissenschaftler sie als Versuchsgelände der nichtlinearen Dynamik benutzt. Sie ist das Symbol der Chaos-Revolution.

Die Menge selbst ist ein mathematisches Kunstgebilde, eine unendliche Masse von Punkten, die sich auf der „komplexen Zahlenebene" zu merkwürdigen Formen zusammenballen. Versuchen wir, uns ein Bild von ihr zu machen.

Stellen wir uns die reellen Zahlen 1, 2, 3 …, um sie faßbar zu machen, als auf einer Zahlengeraden verteilt vor. Um komplexe Zahlen faßbar zu machen, benö-

Dank einiger schlauer Tricks gelingt es dem Wissenschaftler Clifford Pickover von IBM, ein neues Detail aus dem Grenzbereich der Mandelbrot-Menge herauszuholen. Er bezeichnet es als „Mandelbrot Stengel".

tigen wir, da sie sich aus zwei Teilen – einem „reellen" und einem „imaginären" Teil – zusammensetzen, zwei Geraden oder Achsen, also eine Ebene. Stellen Sie sich vor, daß die Ebene wie ein Computerbildschirm mit komplexen Zahlen übersät ist – genau in dieser visuellen Form wurde die Mandelbrot-Menge entdeckt. Über den Computerbildschirm verteilt sich, genau wie über den Bildschirm Ihres Fernsehers, in gleichmäßigen Abständen eine große Zahl ganz feiner Punkte, Pixels genannt. Das bewegte Bild auf dem Schirm wird dadurch erzeugt, daß ein schneller Abtaststrahl aus Elektronen Muster von Pixels anregt (zum Leuchten bringt). Denken Sie sich jedes Pixel als eine komplexe Zahl. Benachbarte Pixels sind einander numerisch nahe, so wie 3 und 4 einander auf der reellen Zahlengeraden numerisch nahe sind. Pixels (Zahlen) werden dadurch zum Leuchten gebracht, daß man eine iterative Gleichung auf sie anwendet.

Um 1980 herum bedienten sich Benoît Mandelbrot, der Erfinder der fraktalen Geometrie, und einige andere einfacher iterativer Gleichungen, um das Verhalten von Zahlen auf der komplexen Ebene zu untersuchen. Die Wirkungsweise einer iterativen Gleichung kann man sich ganz einfach folgendermaßen klarmachen:

Nehmen Sie eine der Zahlen auf der komplexen Ebene und setzen Sie sie an der Stelle „feste Zahl" in die Gleichung ein. Setzen Sie an der Stelle „veränderliche Zahl" Null ein. Rechnen Sie nun die Gleichung aus und setzen Sie das „Resultat" an der Stelle „veränderliche Zahl" ein. Wiederholen Sie die ganze Operation nochmals

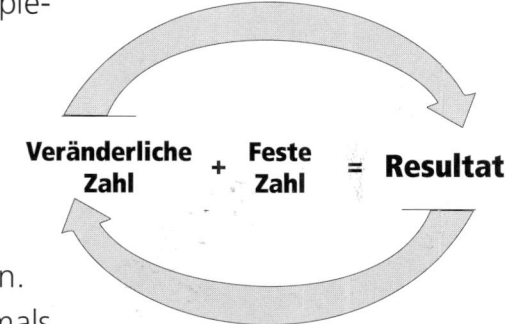

Veränderliche Zahl + **Feste Zahl** = **Resultat**

(anders gesagt, „iterieren" Sie die Gleichung) und beobachten Sie, was aus dem „Resultat" wird. Bleibt es in der Nähe eines festen Werts, schraubt es sich rasch ins Unendliche, oder bewegt es sich in einer langsameren Entwicklung aufwärts?

Werden iterative Gleichungen auf Punkte in einem bestimmten Gebiet der komplexen Ebene angewandt, sind die Resultate spektakulär. Auch Nichtmathematiker können dieses Wunder jetzt bestaunen, indem sie die Pixels auf dem Computerbildschirm als Punkte auf der Ebene auffassen. Ohne Computer hätten nämlich nur Mathematiker mit größtem Intuitionsvermögen flüchtig erfassen können, was sich dort abspielte. Mit dem Computer läuft die Sache folgendermaßen:

Nehmen Sie den Wert eines Punktes (oder Pixels), wenden Sie die Gleichung auf ihn an und iterieren Sie die Gleichung rund tausendmal. Wenn das „Resultat" stabil bleibt, färben Sie das Pixel schwarz. Wenn die Zahl schnell oder langsam auf Unendlich zusteuert, geben Sie ihm je nach Geschwindigkeit eine andere

Diese flammende Darstellung der Mandelbrot-Menge wurde von Homer Smith „Peitgen" benannt, nach dem deutschen Mathematiker Heinz-Otto Peitgen, der die Schönheit der Fraktale wirkungsvoll der Öffentlichkeit vorstellte.

Farbe. Die Punkte (Pixels), welche die am schnellsten wachsenden Zahlen repräsentieren, können Sie vielleicht hellrot färben, etwas langsamere dunkelrot und ganz langsame blau – das hängt ganz von Ihnen ab. Gehen Sie nun zum nächsten

Pixel über und verfahren Sie mit der Farbenpalette in der gleichen Weise, bis alle Pixels auf dem Schirm eingefärbt sind. Wenn alle Pixels (oder Punkte, welche komplexe Zahlen repräsentieren) mit der Gleichung iteriert wurden, entsteht ein Muster. Das Muster, das Mandelbrot und andere in einem Gebiet der komplexen Ebene entdeckten, war ein langrüsseliger Knubbel aus stabilen Punkten – die gewöhnlich schwarz dargestellte Mandelbrot-Menge selbst –, umgeben von einem flammenden Rand filigraner Details, der verkleinerte, leicht verzerrte Kopien des Knubbels enthielt; und wenn man von einer Ebene zur nächsten überging, stieß man immer wieder auf selbstähnliche Formen.

Der Randbereich ist unendlich komplex, und weil man zu immer feineren Details übergehen kann, ist er fraktal. Wenn Computergraphik-Künstler die Details herausholen, sprechen sie davon, daß sie in den Rand der Menge „reinzoomen" oder ihn „vergrößern". Man versteht leicht, was das bedeutet.

Wir denken gewöhnlich, daß auf der reellen Zahlengeraden zwischen den Zahlen 1 und 2 andere Zahlen liegen, beispielsweise 1,5 oder 1,6. (Auf jedem Lineal stoßen wir darauf.) Zwischen diesen Zahlen gibt es natürlich noch weitere Zahlen, beispielsweise 1,53 und 1,54, und das geht endlos so weiter. Gleiches gilt für die Zahlen auf der komplexen Ebene. Zwischen zwei beliebigen Zahlen gibt es viele weitere, und zwischen diesen vielen weiteren Zahlen gibt es wiederum viele weitere, *ad infinitum.* Dank dieser Zahlen zwischen den Zahlen können wir den Computer wie ein Mikroskop benutzen und in immer tiefere Details eintauchen. Wenn – um unseren Vergleich weiterzuführen – die Zahlen, die wir

Durch Iteration von Punkten zwischen den Punkten der Mandelbrot-Menge einer gegebenen Skala kann man in immer tiefere Ebenen der Menge vordringen. Da es zwischen zwei Punkten eine unendliche Zahl von weiteren Punkten gibt, sind die Details einer Mandelbrot-Menge unendlich – eine über alle Maßen komplexe Küstenlinie. In der ersten Abbildung erscheint die Zahlenebene, die die Mandelbrot-Menge enthält; die Menge selbst ist schwarz und der in Flammen stehende, fraktale Grenzbereich farbig dargestellt. Die anschließenden 12 Abbildungen erforschen in immer stärkeren Vergrößerungen Ausschnitte des fraktalen Grenzbereichs.

Fortsetzung auf der folgenden Seite

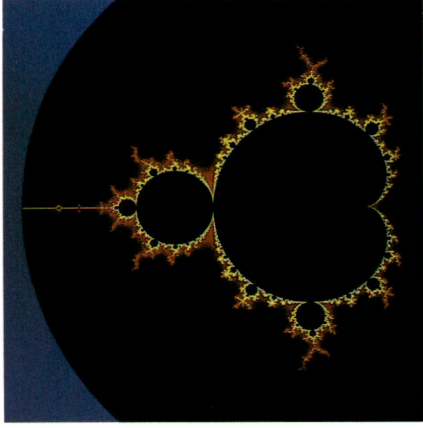
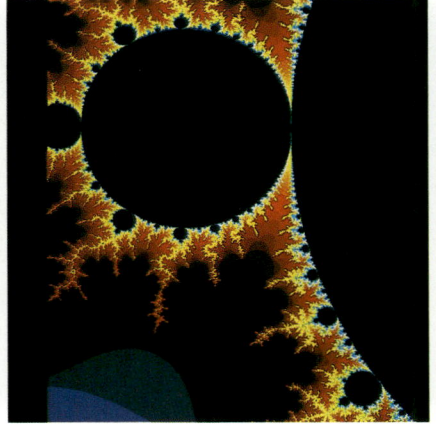

auf der komplexen Ebene untersuchen, alle auf dem Niveau von 1, 2, 3 usw. auf einem Lineal wären, dann würden wir die größte Zahlenskala untersuchen. Wir könnten aber auch zu einer kleineren Skala übergehen und die Zahlen auf dem Niveau von 1,5 und 1,6 untersuchen. Zwischen diesen wird es wieder eine kleinere Skala geben (darunter etwa die Zahlen 1,53 und 1,54); so könnten wir in jedem Gebiet der komplexen Ebene zu immer kleineren Skalen hinab- oder hineingehen.

Genauso, wie wir bei der Untersuchung der Mandelbrot-Menge auf immer feinere Details einzoomen können, können wir die immer kleiner werdenden Skalen der Zahlen zwischen den Zahlen auf der komplexen Ebene untersuchen. Ein Homecomputer schafft durchaus Zahlen bis zu 15 Dezimalstellen. Wären die Zahlen 1 und 2 – um den Mikroskopvergleich abzuschließen – das Äquivalent von Objekten, die die Größe von Menschen oder Bäumen haben, so entspräche eine um 15 Dezimalstellen kleinere Zahl einem Objekt, das kleiner ist als ein Atom. Leistungsfähigere Computer können in noch feinere (oder tiefere) Details gehen. Zusätzlich können unterschiedliche Stile iterativer Gleichungen als Prismen die eine oder andere Facette des Verhaltens der komplexen Zahlen um die Menge beleuchten.

Durch Einzoomen und die Anwendung verschiedener Prismen auf die Zahlen im Randbereich der Mandelbrot-Menge hat sich gezeigt, daß dieses Gebiet ein mathematischer seltsamer Attraktor ist. Die Bezeichnung „seltsamer Attraktor" ist hier auf die Menge anwendbar, weil sie in vielen Maßstäben selbstähnlich ist, weil sie unendlich detailliert ist und weil sie Punkte (Zahlen) an bestimmte wiederkehrende Verhaltensweisen anzieht. Wissenschaftler untersuchen die Menge, um Erkenntnisse über die nichtlineare (chaotische) Dynamik realer Systeme zu gewinnen. Das völlig unterschiedliche Verhalten, das zwei Zahlen, die anfangs nahezu den gleichen Wert haben und einander am Rand der Menge dicht benachbart sind, nach Iteration zeigen, ähnelt beispielsweise dem Verhalten von

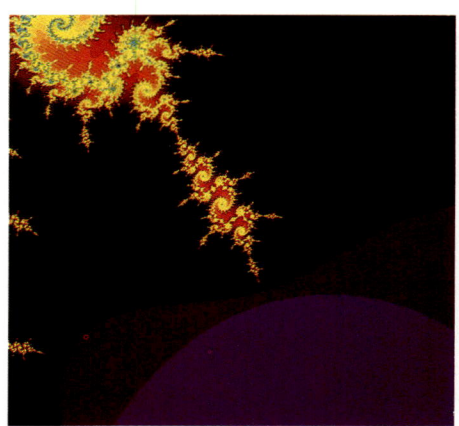 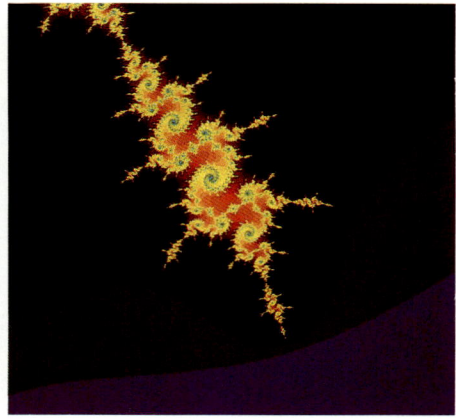 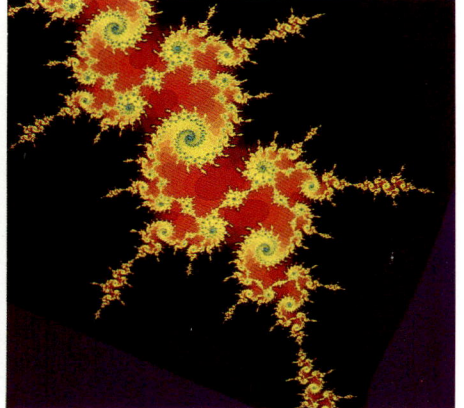

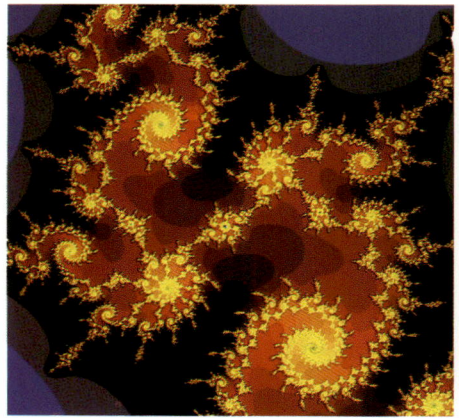

Dieses juwelengleiche Detail der Mandelbrot-Menge wurde von Rollo Silver von Amygdala in San Cristobal, New Mexico, erzeugt. Silver gibt auch eine Informationsschrift für Fraktal-Fanatiker heraus.

Systemen wie dem Wetter, das aufgrund seiner „empfindlichen Abhängigkeit von Anfangsbedingungen" einem dynamischen Fluß unterliegt.

Eine wesentliche Bedeutung der Mandelbrot-Menge könnte jedoch darin liegen, daß sie zu einem seltsamen Attraktor für Wissenschaftler, Künstler und

Fortsetzung auf der folgenden Seite

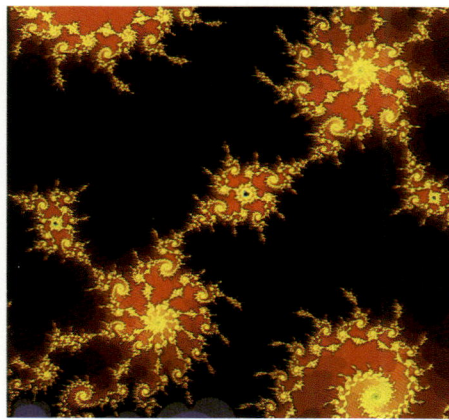

Öffentlichkeit geworden ist, auch wenn jede Gruppe sich aus ganz verschiedenen Gründen von ihr angezogen fühlt. Wissenschaftler fühlen sich – oft mit kindlichem Entzücken – angezogen von einer neuen Ästhetik, die für sie mit dem Zwang verbunden ist, bei der Untersuchung der Menge künstlerische Entscheidungen über Farben und Ausschnitte zu treffen. Künstler und Öffentlichkeit wurden angezogen von der unvergleichlichen Schönheit der Mandelbrot-Menge und von der Idee, daß abstrakte Mathematik sich in konkrete sinnliche Genüsse umsetzt.

Wie beliebt die Mandelbrot-Menge ist, zeigt sich darin, daß Art Matrix, eine unabhängige Forschungsgruppe an der Cornell University in Ithaca (US-Bundesstaat New York), seit ihrer Gründung im Jahr 1983 eine halbe Million Postkarten und zahllose Videos mit Mandelbrot-Fraktalen verkauft hat. Die Gruppe, von Homer Smith und Jane Staller gegründet, entstand aus der Zusammenarbeit zwischen Smith und dem Cornell-Mathematiker John Hubbard, für dessen Forschungen Smith Bilder lieferte. Hubbard hatte eines der wichtigen Theoreme über die Menge bewiesen – ein ganzheitliches Theorem, demzufolge all die in den Rand eingebundenen verkleinerten Mandelbrot-Figuren mathematisch miteinander verknüpft sind. Er gehört gleichzeitig zu den Forschern, die gemeinsam die Entscheidung trafen, die Menge nach Mandelbrot zu benennen, in Anerkennung der grundlegenden Verdienste, die der französische Mathematiker sich um ihre Erforschung erworben hat. Wie Smith berichtet, entstand die Titelgeschichte, die im August 1985 im *Scientific American* erschien, aus der Zusammenarbeit von Benoît Mandelbrot, John Hubbard und Heinz-Otto Peitgen, und danach fragten Tausende von Lesern an, weil sie sich Ansichten von der Menge an die Wand hängen wollten. Aus der Zusammenarbeit erwuchs außerdem ein freundschaft-

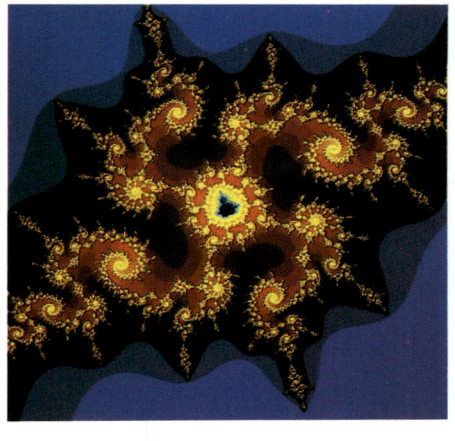
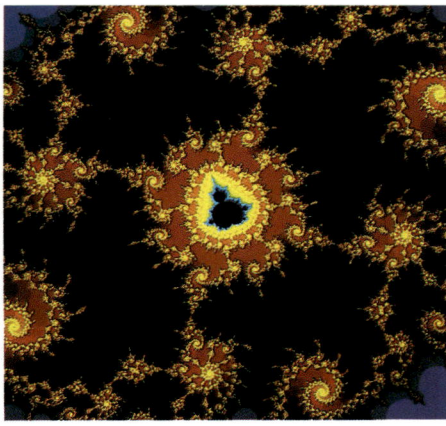
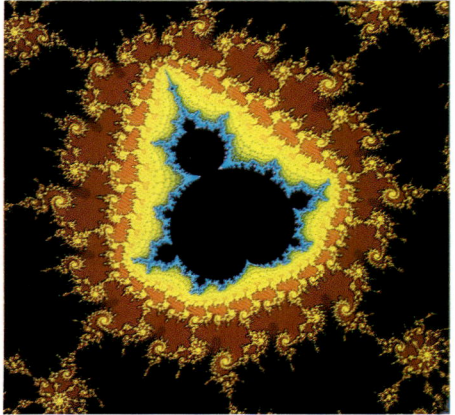

Dieser Ausschnitt der Mandelbrot-Menge, die Homer Smith von Art Matrix „Die Orchidee" tituliert, entsteht durch die iterativen Gleichungen der „Newtonschen Methode", einer mathematischen Technik, polynomiale Gleichungen zu lösen (vgl. Abstrakte Kunst).

licher Wettstreit darüber, wer die ästhetisch befriedigendsten Darstellungen der Menge liefern könne. Smith unterstützt weiterhin die Forschungen Hubbards und erzeugt Bilder für die Öffentlichkeit, mit denen er die Absicht verfolgt, Kinder für die Mathematik zu begeistern. „Wir möchten, daß Fraktale schon in Anfängerklassen auftauchen, um bei den Kleinen ganz früh ein Interesse an Mathematik zu wecken", erklärt Smith. „Denjenigen, die noch nicht ganz den Spaß am Lernen verloren haben, werden dadurch nämlich wirklich die Augen geöffnet … Wir möchten, daß die Kinder diese Dinge schon gesehen haben, wenn sie in die zehnte Klasse kommen, und sich dann sagen: ‚In Mathe, Naturwissenschaft und Computerkunde gibt es etwas, das muß ich ich lernen.'"

MATHEMATISCHE IMITATIONEN, PHANTASTISCH UND REAL

*Wissenschaftler werden ... überrascht und erfreut feststellen,
daß sie an einige Formen, die sie bislang als körnig,
hydraartig, etwas dazwischen, pickelig, narbig, verzweigt,
seetangähnlich, seltsam, verworren, krumm, wackelig,
ungewiß, runzlig und dergleichen bezeichnen mußten,
künftig auf eine exakte und strenge Weise
herangehen können.*

−BENOÎT MANDELBROT, Erfinder der fraktalen Geometrie.

Millionen haben, ohne es zu ahnen, im Kino oder im Fernsehen fraktale Mathematik vorgeführt bekommen. Mit Abwandlungen von fraktalen Verfahren, die ursprünglich von Benoît Mandelbrot und IBM-Forschern entwickelt wurden, schufen Computergraphiker die fremdartigen Landschaften für die *Krieg-der-Sterne*-Filme und für *Star Trek II.* Fraktale sind in Hollywood zu einem wichtigen Hilfsmittel für Spezialeffekte geworden.

Die Forscher haben gelernt, daß die selbstähnlichen Strukturen in einem natürlichen Objekt wie etwa einem Gebirge mit relativ einfachen mathematischen

Die Lukasfilm Production verwendete Fraktale in ihren *Krieg-der-Sterne*-Filmen. Das Computerprogramm, das dieses Bild modellierte, entwarf auch die Berge für den Filmabschnitt „Genesis Demo" in *Star Trek II.* Diese frühe Gebirgslandschaft wurde mit Hilfe des Verfahrens der Mittelpunktverschiebung von Loren Carpenter von der Computergraphikabteilung der Filmgesellschaft (mittlerweile eine eigene, unter dem Namen Pixar geführte Gesellschaft) entwickelt. Anfang der achtziger Jahre sah Carpenter einige fraktale Bilder, die von Mandelbrots Kollegen am IBM entworfen worden waren. „Als ich das Bild einer Bergkette sah, sagte ich mir, ‚Hey, das muß ich auch machen!' Leider sind die Methoden von Mandelbrot für Trickaufnahmen, die das Gefühl vermitteln sollen, sich in einer Landschaft zu befinden, gänzlich ungeeignet." Carpenter entwickelte deshalb eine eigene Methode, um fraktale Trickaufnahmen herzustellen und wurde für das Projekt Krieg der Sterne engagiert. Computererzeugte Trickaufnahmen, so sagt er, ermöglichen „die Wiederbelebung der Pyramiden oder der Zivilisation anderer Sterne. Man kann völlig phantastische Dinge damit tun, wie Farben ändern und Formen verdrehen oder deformieren. Fraktale sind eine exzellente Möglichkeit, den Bereich des Machbaren zu erweitern."

Formeln modelliert werden können. Die im kleineren Maßstab vorhandene Struktur wiederholt sich im größeren Maßstab, und daher kann man durch die Iteration von Formeln, in die immer wieder Zahlen eingefüttert werden, aus kleinen Strukturen Imitationen großer realer Objekte ableiten.

Eines der ältesten Verfahren, fraktale Imitationen beispielsweise von Bergen zu erzeugen, besteht darin, wiederholt die Mittelpunkte von Dreiecken um einen zufälligen Betrag zu verschieben. Der Computer zeichnet aufgrund einer recht einfachen Formel ein Dreieck innerhalb eines Dreiecks, nachdem die Mittelpunkte der drei Seiten des ursprünglichen Dreiecks zufällig verschoben wurden. Im Laufe der Iterationen verändert sich die Form des jeweils kleineren Dreiecks, und aus dem anwachsenden Haufen von Dreiecken innerhalb von Dreiecken entsteht eine Berglandschaft. Das nachfolgende grobe Beispiel zeigt die Mittelpunktverschiebung anhand von zwei Phasen bei der Erzeugung des Bildes einer Mondlandschaft, über der ein Planet aufgeht.

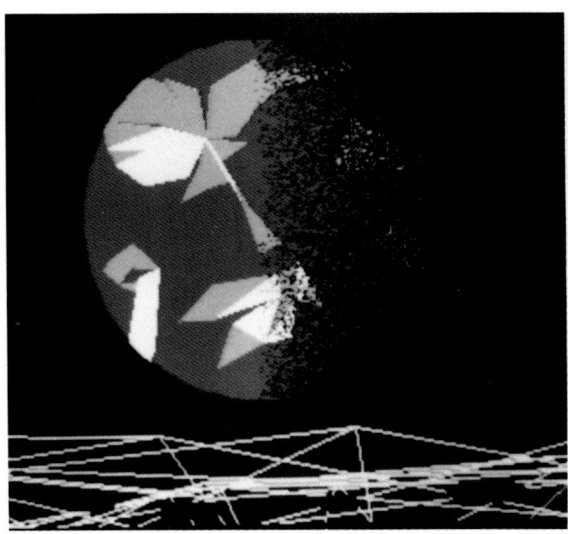 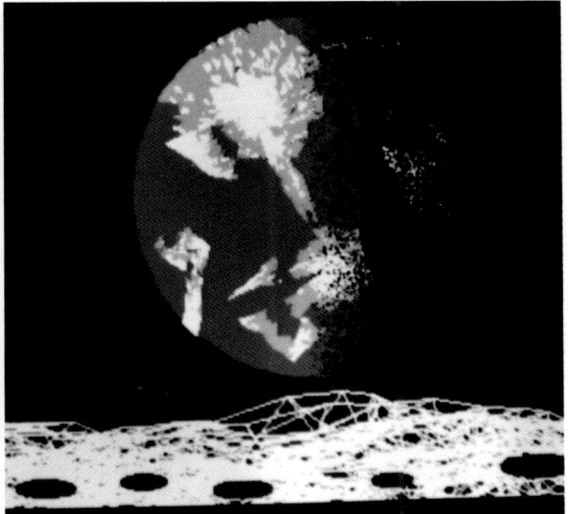

In ausgefeilten Versionen dieses Programms können die zufälligen Beträge, um welche die Mittelpunkte nach oben oder unten verschoben werden, mit Hilfe eines „Verteilungsgesetzes" festgelegt werden, das die relative Rauhheit des nachzubildenden realen Geländes approximiert.

Bäume und Pflanzen lassen sich durch rekursive Programme simulieren, die Anweisungen für das Zeichnen sich wiederholender Formen enthalten. So entstehen Zweige, Stämme oder Stengel, Blätter und Blüten, die um zufällige Beträge gedreht oder geneigt werden und deren Dicke sich nach einer bestimmten Anzahl von Iterationen ändert. Durch sorgfältige Festlegung der Parameter und

des Zufalls gelang es Przemyslaw Prusinkiewicz von der Universität Calgary in Kanada, Imitationen bestimmter botanischer Formen zu erzeugen, darunter die Pflanze *Mycelis muralis.*

Viele der fraktalen Formeln, mit deren Hilfe botanische Formen oder Landschaften simuliert wurden, sind durch Versuch und Irrtum entdeckt worden. Michael Barnsley vom Georgia Institute of Technology hat jedoch ein ziemlich einfaches Verfahren entwickelt, die iterativen Codes zu finden, die für die Erzeugung auch komplexer Bilder erforderlich sind. Der Schlüssel ist wiederum die Idee der fraktalen Selbstähnlichkeit.

Barnsley nimmt das Objekt, das er nachbilden möchte, und verkleinert und verformt es auf dem Computer so lange, bis er eine Reihe von Kacheln oder „Transformaten" erhält, verkleinerte und verformte Versionen des Originalobjekts, durch deren Zusammenfügung und Überlappung die ursprüngliche Form wiedersteht. Ein einfaches Beispiel dafür ist Barnsleys Modell eines Ahornblatts. Barnsley erläutert: „Bei einem Bild eines Blattes müssen Sie sagen: ‚Diese Ecke sieht aus wie das Blatt, wenn ich sie nur zusammenpresse und verforme und umdrehe. Dieses Teilstück ist eine Verformung des Ganzen.' Wenn Sie diese Behauptungen – die nicht einmal richtig zu stimmen brauchen – oft genug aufstellen, haben Sie im Grunde eine fraktale Beschreibung des Objekts geliefert."

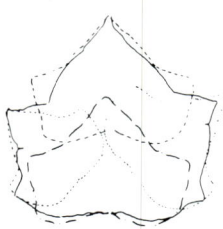

Dieses Beispiel zeigt vier Transformationen des Ahornblatts. Indem er die Streckungs- und Schrumpfungsverfahren, die für die Erzeugung der jeweiligen Transformation erforderlich sind, festhält, gewinnt Barnsley eine Reihe von Transfor-

mationsformeln. Anschließend spielt er das „Chaosspiel", wie er es nennt. Man startet mit einem Punkt auf dem Computerbildschirm, markiert ihn und wendet eine der Transformationsformeln auf ihn an. Das führt zu einem zweiten Punkt auf dem Bildschirm, der wiederum markiert und auf den eine Transformationsformel angewandt wird, die einen dritten Punkt ergibt, usw. Welche Transformationsformel auf einen Punkt angewandt wird, hängt von einer Wahrscheinlichkeit ab, die Barnsley berechnet und den Regeln hinzufügt, die er in den Computer eingibt. Alle Regeln werden nun eine Zeitlang iteriert. Während die Iterationen des Chaosspiels im Gang sind, hüpft der Punkt herum und hinterläßt auf dem Bildschirm scheinbar zufällige Spuren. Je mehr Punkte zusammenkommen, desto deutlicher zeichnet sich jedoch eine Form ab, die dem Originalblatt ähnelt (aber nicht mit ihm identisch ist). Die Originalform ist zu einem Attraktor

Przemyslaw Prusinkiewicz, ein Biomathematiker an der Universität von Calgary in Saskatchewan, Kanada, gibt zu, daß ihm die botanischen Formen, die er auf seinem Computer erzeugt, beträchtliches ästhetisches Vergnügen bereiten, auch wenn für ihn diese Bilder hauptsächlich als Modelle zur Prüfung wissenschaftlicher Wachstumshypothesen dienen. Durch die Betrachtung des Pflanzenwachstums unter dem Aspekt von Fraktalen stellte Prusinkiewicz eine „tiefe Beziehung zwischen Selbstähnlichkeit und Wachstumsregeln" fest. „Indem ich das Verfahren analysiere, um

auf dem Computer selbstähnliche Formen zu erzeugen, gewinne ich Einsicht in den Wachstumsprozeß."

Er argumentiert, daß Selbstähnlichkeit eine Form von Symmetrie ist und Symmetrie wiederum
ein Leitmotiv der modernen Wissenschaft. In der Physik zum Beispiel leitet sich die Vorstellung
von Materie und Antimaterie aus Symmetrie her. Die Tatsache, daß es im Universum (offensichtlich) mehr Materie als Antimaterie gibt, zeigt, daß der „Bruch mit der Symmetrie" ein wichtiges
Prinzip der Natur ist, Formen zu schaffen. „Wie entwickelt sich aus einem ovalen Ei eine Form
wie die eines Vogels? Dies ist ein Fall von Brechen der Symmetrie, auf den wir in der Biologie
stoßen. In diesen allgemeinen Bezugsrahmen paßt das Problem der Selbstähnlichkeit. Wir untersuchen, ob die Selbstähnlichkeit von Pflanzen ideal oder in gewissem Ausmaß gebrochen ist.
Betrachte ich eine Pflanze, so frage ich mich, welche Wachstumsregeln zu dieser gebrochenen,
selbstähnlichen Struktur führen."

*

Prusinkiewicz bemerkt, daß das Durchbrechen der starren Selbstähnlichkeit ein altbekanntes
Prinzip der Kunst ist und ein Punkt zu sein scheint, an dem Kunst, Natur und Wissenschaft
zusammentreffen. Für ihn „wird der künstlerische Gehalt im Moment der Abkehr von strikter
Selbstähnlichkeit eingeführt. Diesem Prinzip folgt auch das materielle Universum. Betrachtet
man ein echtes Karottenblatt, so weicht dieses von strikter Selbstähnlichkeit ab. Wenn ich eine
Form mit Fraktalen erzeugen will, weiche ich von strikter Selbstähnlichkeit ab, um einen der

Sonne zugewandten oder einen verwelkten Zweig darzustellen. Die so erzeugten Bilder haben für mich einen künstlerischen Wert, und ich kann sie mit keinem anderen Medium erzeugen. Das Programm ermöglicht es mir, mehr als nur mechanische Dinge darzustellen. Das kann so gefühlsbeladen sein, als hätte ich einen Pinsel verwendet."

Obwohl er mit Fraktalen arbeitet, betont er, daß die lebenden Formen, die er untersucht, „in keiner Weise chaotisch" sind. Chaotische Systeme verstärken sich durch Rückkoppelung, um sich neu zu organisieren. Lebende Formen verwenden Rückkoppelung, um Veränderungen zu kontrollieren und relativ stabil zu bleiben. Wenn zum Beispiel einige Zellen aus dem proliferierenden Zellverband eines sich entwickelnden Embryos entfernt werden, so wird durch Rückkoppelung mit dem Organismus der Wachstumsprozeß wiederaufgenommen und, trotz der Unterbrechung, eine normale Form herausgebildet.

*

Prusinkiewicz verwendet, um Computersimulationen von botanischen Formen zu entwerfen, ein ausgeklügeltes, rekursives Programm. Dieses Programm fügt nicht nur mit jeder Iteration der Gleichung zufällig neue, selbstähnliche Wachstumsformen an, sondern bezieht auch die Absterbe- und Verwelkungsrate sowie die Wirkung von Hormonänderungen auf vorangegangenes Wachstum mit ein. Die Computerimitation der Pflanze entwickelt sich analog dem wirklichen Wachstum. „Wachstum ist konstant und nicht sequentiell. Wir versuchen, die Wechselwirkungen zwischen den Teilen zu bestimmen. Würden wir versuchen, das Wachstum aus sämtlichen Details heraus zu reproduzieren, so wäre kein Verständnis zu erwarten. Wir versuchen, Leitgesetze und Prinzipien herauszuarbeiten, und diese von allem Irrelevantem zu abstrahieren. Dies ist der Kern wissenschaftlicher Arbeit."

Aber er denkt auch immer an das Künstlerische, wie man an seiner abstrakten Gestaltung des Umfeldes der fraktalen Darstellung eines Karottenblattes sehen kann. Oder an seiner Szene mit Wasserlilien, welcher mittels eines speziellen Farbersetzungsprogramms ein impressionistischer Anstrich verliehen wurde.

für die Punkte geworden, die durch die Formeln von einer Stelle zur anderen verschoben werden.

Bei jeder der fraktalen Methoden für die Imitation von Objekten können für verschiedene Teile des Objekts eigene iterative Formeln benutzt werden (zum Beispiel eine Formel für die Verästelung, eine andere für die Blätter); dies gilt auch für verschiedene Elemente einer Szene. Dieses Verfahren ergibt unermeßliche Möglichkeiten, aus relativ einfachen Mengen von Gleichungen die Bilder komplexer Formen nachzubilden. Mit fraktalen Verfahren können komplexe Informationen über fraktal gestaltete Objekte gespeichert oder „komprimiert" werden, um Computerzeit und Speicherplatz effizient zu nutzen, so daß Raum für eine noch größere Komplexität bleibt.

Computergraphiker benutzen Fraktale nicht nur, um Szenen zu speichern und unterhaltsame Landschaften zu erzeugen. Die fraktale Geometrie wird unter anderem regelmäßig angewandt, um anschaulich zu zeigen, wie Polymere, Dentrimere und andere Großmoleküle durch zufällige Iterationen selbstähnlicher dynamischer Aktivität wachsen und sich entwickeln.

Bislang haben wir für die Modellierung von Figuren und Landschaften euklidische Formen – Kreise, Quadrate und Dreiecke – benutzt. Dadurch wurde die natürliche Welt generalisiert und idealisiert. Vielleicht bringt uns die fraktale Geometrie den unendlichen Feinheiten der Natur ein wenig näher.

Peter Oppenheimer studierte Mathematik in Princeton, wo er von Benoît Mandelbrot selbst, der 1978 dort zu Besuch war, angeregt wurde, in der fraktalen Forschung tätig zu werden. Während seiner Arbeit im computergraphischen Labor am New Yorker Institute of Technology perfektionierte Oppenheimer die Erzeugung von fraktalen Imitationen realer Formen mit Hilfe des Computers; inzwischen steht er jedoch ihrer Aussagekraft skeptisch gegenüber.

„Wissenschaft setzt sich gerne eine objektive Darstellung der Natur zum Ziel, aber für mich scheinen all diese Repräsentationen, Visualisierungen oder Modelle bloß einige isolierte Parameter oder Aspekte des Objekts herauszugreifen, und man fragt sich, was passiert, wenn man lediglich diese betrachtet. Jede unterschiedliche Vorgehensweise wird ein leicht unterschiedliches Ergebnis zur Folge haben." Er warnt: „Ein Großteil des Wissens, das wir durch Computerdarstellungen gewinnen, ist intuitiv und darf nicht mit Objektivität verwechselt werden." Die Wissenschaft erhebt den Anspruch, ihren Modellen gegenüber skeptisch zu sein, aber diesen Skeptizismus im Moment aufrechtzuerhalten, denkt er, ist schwierig, „angesichts der sehr raffinierten, überzeugenden Bilder. Wenn die Bilder dem Objekt gleichen, so schließen wir daraus, daß wir auf dem richtigen Weg sind." Aber eine der Folgerungen der Chaostheorie ist gerade, daß unabhängig davon, wie gut ein wissenschaftliches Modell oder eine Formel ist, dynamischen Systemen immer eine fundamentale Unvorhersehbarkeit und Unsicherheit zugrundeliegt.

Würde man, meint Oppenheimer, den Unsicherheitsfaktor im Chaos und in den fraktalen Bildern berücksichtigen, könnte das zu neuen Erkenntnissen führen. „Ich denke nicht, daß wir bislang herausgefunden haben, um welche Art von Erkenntnissen es sich handelt. Auf unsere Unfähigkeit, das herauszubekommen, könnten wir mit Bestürzung reagieren, aber vielleicht brauchen wir nur eine andere Einstellung dazu: Toll, wir können nicht alles herausfinden, aber ist das nicht wunderbar? Akzeptieren wir doch die Bilder, aber als etwas, das sich unserem Kenntnisstand entzieht. Vielleicht werden sie statt der Wissenschaft der Kunst zugeordnet. Dann ist es zwar auch eine Erkenntnis, aber eine von anderer Art." „Intuitiv" ist der Begriff, den Oppenheimer wiederholt verwendet.

Die Chaostheorie hat seine Wahrnehmung der Welt verändert, sagt er: „Festzustellen, wie empfindlich Dinge gegenüber ihren Ausgangsbedingungen sind, hat meine Vorstellung von

unserem Platz im Universum und von unserer Fähigkeit, alles in den Griff zu bekommen, verändert. Alles ist untereinander so stark verknüpft." Er merkt an, daß zum Beispiel bei jedem Versuch, eine Form zu imitieren, Fraktale und Chaos ihn zwingen, die gegenseitigen Beziehungen anzuerkennen: „Die Umgebung ist immer miteinzubeziehen. Für jedes Fraktal eines Baumes existiert ein negativer, ebenfalls fraktaler Raum. Formbildend ist das Gleichgewicht zwischen der Struktur und der Struktur der Umgebung."

Die Fähigkeit, der Natur „ähnliche" Formen zu erzeugen, hat auch seine Beziehung zur Natur verändert. „Während meiner Kindheit dachte ich, daß die materiellen Objekte um uns herum irgendwie fundamental sind und vor uns existierten. Daß alle unsere Gedanken über sie von ihnen unabhängig sind. Jetzt aber glaube ich, daß Ideen, mathematische Konzepte, abstrakte Begriffe, Träume, Stimmungen grundlegender sind und daß die materiellen Objekte aus ihnen hervorgehen. Diese Philosophie habe ich durch meine Forschung über Computergraphik entwickelt. Ich nehme eine Anzahl von Zahlen und verwandle sie in etwas mit organischen oder natürlichen Zügen, etwa einen Baum, der durch meine Manipulation mit Zahlen entsteht. Ich bin jetzt eher ein Platoniker. Ich denke, daß abstrakte Formen existieren und daß die materiellen Objekte ihre Verkörperung darstellen. Sowohl das künstliche Bild auf meinem Computer wie auch der Baum außerhalb meines Fensters sind Synthesen einer abstrakteren Form. Aber das heißt nicht, daß wir mit der Abstraktion der Natur, die den Baum produzierte, immer unsere künstlichen Spiele treiben können."

Demzufolge kommt Oppenheimer bei der Erzeugung fraktaler Imitationen mit einem Prozeß in Berührung, der „ähnlich, aber nicht gleich" demjenigen ist, der den wirklichen Baum schuf. Ein wichtiger Punkt ist, daß er sich des Unterschieds bewußt ist: „Die Tatsache, daß das Bild verschieden ist, daß etwas fehlt, macht es interessant; das ist eigentlich das Wichtigste." Seiner Meinung nach hat sich seine Arbeit „von der Wissenschaft in Richtung Kunst entwickelt; natürlich möchte ich die Grenzen zwischen den beiden ein wenig verwischen." In seinen Bildern versucht er nicht die Formen „realistisch" wiederzugeben, sondern bemüht sich, eine der Wahrheit entsprechende Fiktion zu finden. Dies drückt sich in der stilisierten Darstellung von „Himbeere, Garten in Kyoto" und in seinen surrealen Zwillingen aus.

Diese unheimliche Chaos-Landschaft, erzeugt mit fraktaler Geometrie, ist ein Ausschnitt aus dem Kurz-Trickfilm *Aliens* von John Lewis. Lewis kam nach dem formellen Studium der Kunst, Literatur und Psychologie an verschiedenen Instituten zur fraktalen Graphik und absolvierte das berühmte Media Lab von MIT, „ein wunderbarer Platz für Leute mit interdisziplinären Ambitionen". Lewis beschreibt die Chaosforschung als „ein Gebiet, das Komplexität untersucht, ohne sie durch Erklärungen zu beseitigen". Bevor er Fraktale und Chaos untersuchte, sagt er, konnte er die subjektive Erfahrung des Menschen, einen freien Willen zu besitzen, nicht mit der wissenschaftlichen Annahme vereinbaren, daß alles im Universum völlig durch seine Ursachen bestimmt ist. „Die Tatsache, daß chaotische Systeme deterministisch, aber unvorhersehbar sind, wird manchmal als Lösung für das Problem freier Wille/ Determinismus angesehen. Ich glaube nicht, daß Chaos dieses Problem löst, aber es zeigt, daß dieses Problem nicht unlösbar ist."

HYBRIDEN VON SYMMETRIE UND CHAOS

Eine Schneeflocke liegt auf meiner Hand wie ein
weißes Athen in der Hand der Geschichte,
ein flüchtiger, zerbrechlicher Parthenon …

… Und ich, ein Gott, der sie hält. Sie wird schnell zu Tau.
Dieses Molekül der Welt gehört vielleicht
zu einer zarteren Nation, unserem Blick verschlossen.
Wenn Atome träumen, welch ein Königreich,
das diesen schwindenden Schneestern
sein eigen nennt!

*—*ALFRED DORN, *aus: Snowflake.*

Ein winziges Eiskristall fällt durch die Atmosphäre. Das sechseckige Eismolekül gibt Wärme ab und erzeugt eine Ladung, die andere Wassermoleküle anzieht. Auf diese Weise beginnen seine instabilen Kanten zu wachsen. Das Kristall ist auf seiner wirren Flugbahn den Einflüssen von Temperatur und Luftfeuchtigkeit ausgesetzt, die auf sein Strukturmuster einwirken. Es entwickelt sich; an den scharfen Spitzen sammeln sich Moleküle aus der Luft. Ein Gegensatz entsteht zwischen der Instabilität der Kristallkanten und der Stabilität der Spannung auf der gesamten Oberfläche seiner zunehmenden Masse. Dieser Gegensatz verstärkt die Tendenz des mikroskopisch kleinen Kristalls zu symmetrischem Wachstum – gleichzeitig in sechs Richtungen. Die Kräfte der Symmetrie und des Chaos vereinen sich und bewirken, daß sich die Kristallkanten in einer komplizierten Gitterstruktur anordnen.

Überall in der Natur – und in der Kunst – gehen Symmetrie und Chaos solche Verbindungen ein, um neue Formen zu erzeugen. Aus der Spannung zwischen Gegensätzen entstehen Bäume, Schneeflocken, Seesterne und auch der menschliche Körper; sie bringt eine Welt von wunderbarer Vielfalt hervor, in der aber auch selbstähnliche Formen in vielen Größenmaßstäben immer wieder auftreten.

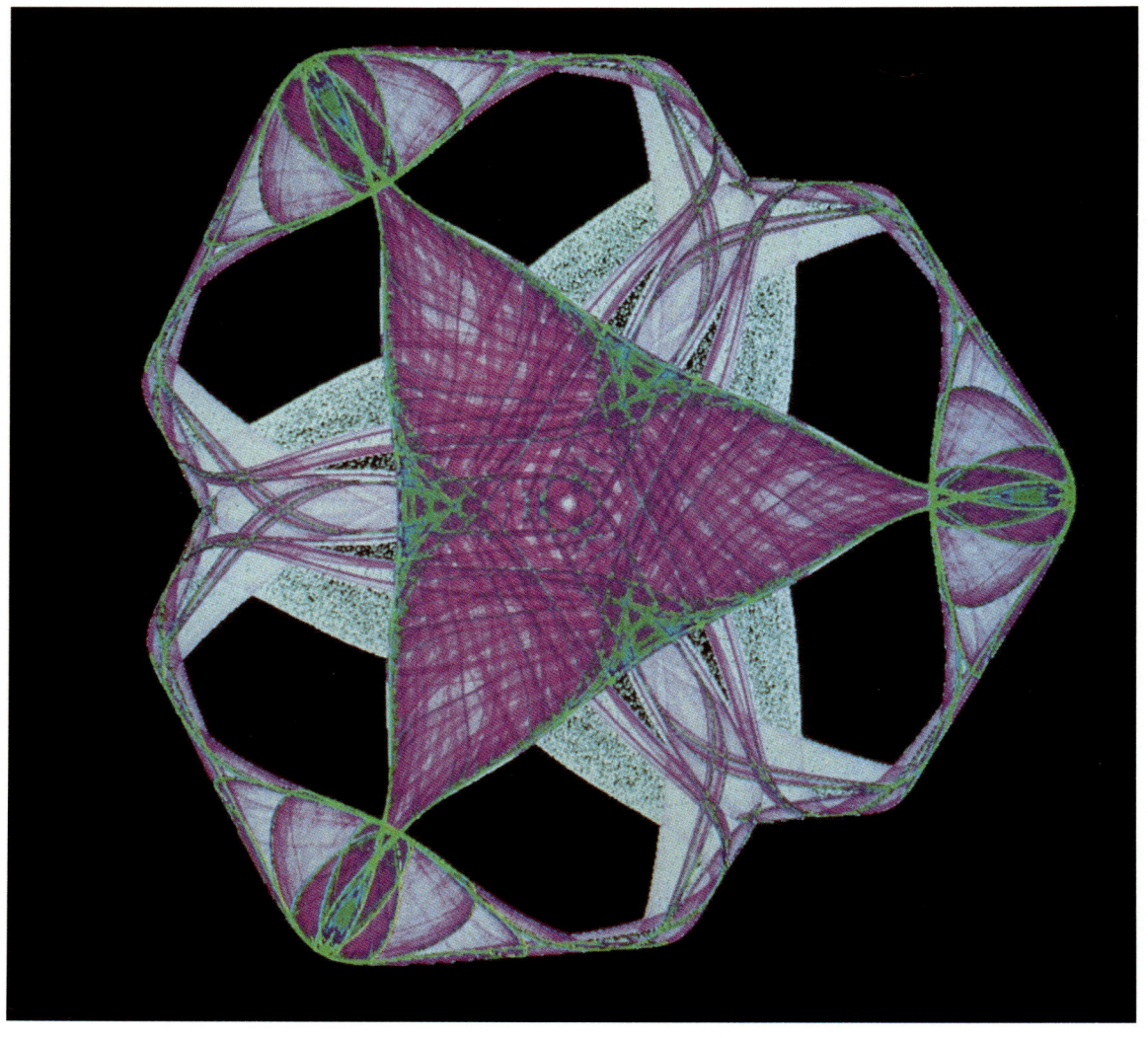

Vergleichbar den dynamischen Prozessen, die bei der Bildung echter Schneeflocken, rechts, wirken, verknüpft das fraktale Computerprogramm, das die links abgebildeten Schneeflocken simuliert, Befehle für sechsfache Symmetrie mit Chaos erzeugenden Rückkoppelungseffekten. Man beachte, daß das Computermodell einer Schneeflocke zu symmetrisch ist, um echt zu wirken. Die natürliche Schneeflocke hingegen läßt erkennen, daß der Kristall sogar im mikroskopischen Bereich von geringfügig unterschiedlichen Kräften geformt wurde. Schneeflocken sind fraktale Aufzeichnungen der wechselnden Bedingungen, auf die das Eis während seines Falles stößt. Keine zwei Schneeflocken werden genau die gleichen Bedingungen antreffen. Die Einzigartigkeit von Schneeflocken ist ein erneuter Beweis, daß das Wetter ein chaotisches System ist, in dem alle „Teile" von ihren ständig wechselnden Bedingungen abhängig sind.

Die Mathematiker Martin Golubitsky von der Universität Houston und Mike Field von der Universität Sydney, Australien, nennen diese Art von symmetrischem Chaos „Icon" (links). Es wird mit dem Computer aus nichtlinearen Gleichungen, die chaotisches Verhalten zeigen, und Gleichungen, die Symmetrie bedingen, berechnet. Mit der Mathematik, die sie entwickelt haben, um dieses Icon zu erzeugen, könnte man, nach Golubitsky und Field, im Alltag das Chaos in Containern wie Zylindern, Pipelines und Mischern, beschreiben, wo die Symmetrie des Gefäßes das entstehende Chaos beeinflußt. Golubitsky bemerkt: „Unsere Bilder, die Symmetrie und komplizierte, dynamische Prozesse miteinander verschmelzen, zeigen eine Regelmäßigkeit, die im voraus kaum vorstellbar war." Wieviele „regelmäßige", sogar symmetrische Prozesse oder Objekte in unserer realen Welt umschließen wohl Chaos?

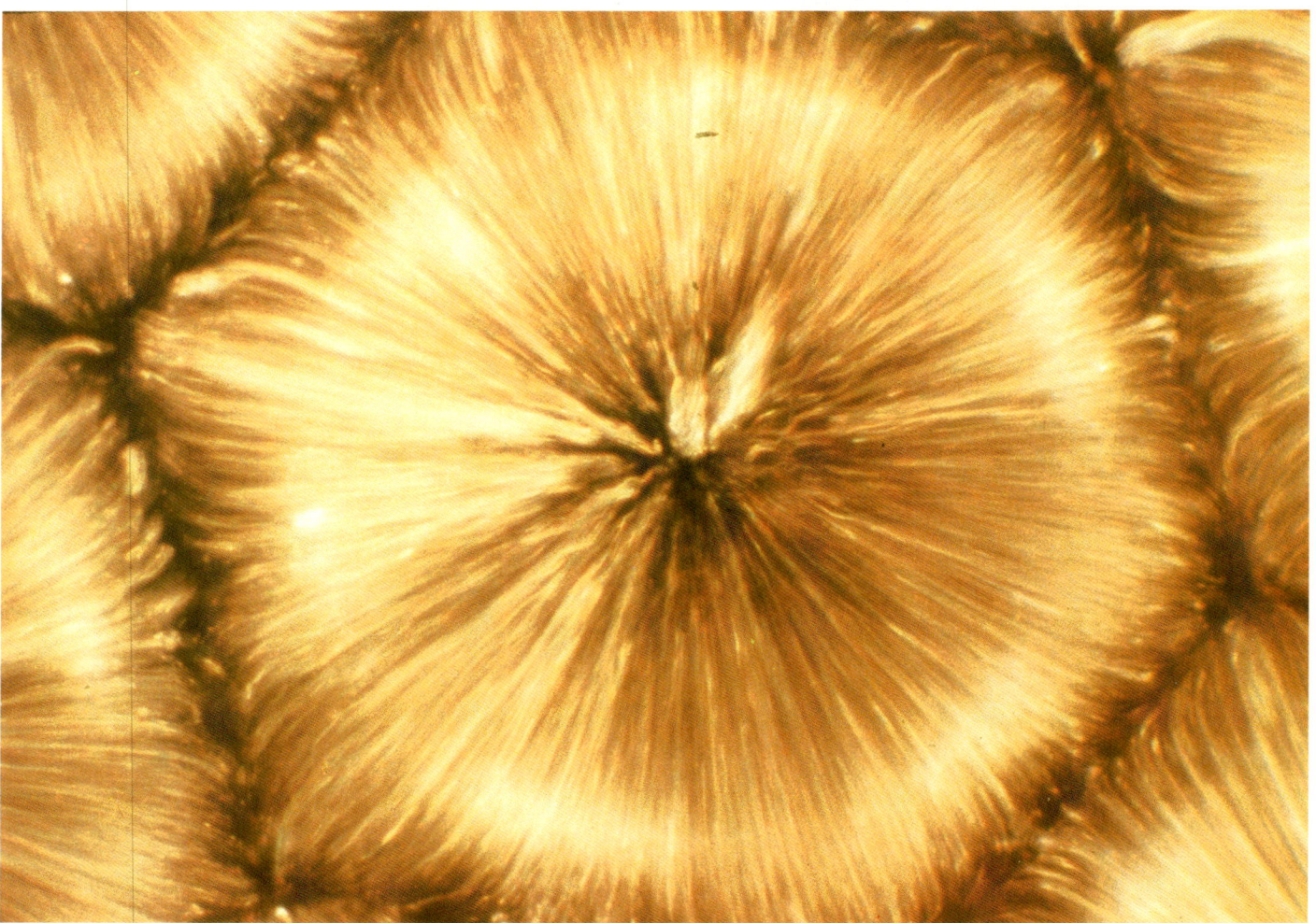

Dieses hexagonale Zellmuster (links) bildet sich in einem Gefäß mit erhitztem Silikonöl. Sobald die Temperaturdifferenz zwischen Boden und Oberfläche einen kritischen Punkt erreicht, kommt es zur Selbstorganisation der chaotisch an den Gefäßwänden aufsteigenden Konvektionsströme, so daß sich eine im Chaos verborgene Symmetrie offenbart. Man bewundere die phantastische Nahaufnahme (links unten) von selbstorganisierten Konvektionszellen, die Manuel Velarde von der Autonomen Universität Madrid machte.

Wird die Temperatur weiter erhöht, bleibt das symmetrische Muster zunächst erhalten, bis es sich dann in einem turbulenten, chaotischen Zustand auflöst.

Das Zusammenspiel von Symmetrie und Chaos in einem DNS-Molekül entwickelt Leben und schließt es zugleich in sich ein. Diese Computersimulation gibt eine Aufsicht auf die spiralförmige Leiter des DNS-Moleküls wieder.

DAS CHAOS FORMT FRAKTALE LANDSCHAFTEN

*Wir schweben in einem Medium von gewaltigen Ausmaßen,
treiben ins Ungewisse, werden hin- und hergeworfen;
sobald wir glauben, einen festen Halt gefunden zu haben, an den
wir uns klammern können, bewegt er sich fort und läßt uns
zurück; wenn wir ihm folgen, entgeht er unserem Zugriff,
entgleitet uns und flieht ewig vor uns davon. Für uns steht
nichts still. Dies ist unser natürlicher Zustand, der doch
zugleich im Gegensatz zu unseren Neigungen steht. In uns
brennt das Verlangen, festen Boden unter den Füßen zu
haben, eine endgültige, dauerhafte Grundlage, auf der wir
einen Turm bauen können, der in die Unendlichkeit ragt,
doch unser ganzes Fundament wird rissig und die Erde
öffnet sich …*

−VIRGINIA WOOLF, *Pensées.*

Die Welt, in der wir leben, wandelt sich ständig. Die meisten Veränderungen bemerken wir nicht – oder übersehen sie bewußt. Die Wissenschaftler meinen, die Erde sei im Grunde nur ein langsamer strömender Klumpen aus zähflüssigem Eisen, umgeben von einem etwas schneller strömenden Mantel fest-flüssigen Gesteins, auf dem eine dünne Kruste schwimmt. Auf dem Meeresboden wird diese Kruste stellenweise in den Höllenkessel des Erdinnern gezogen; die Krustenplatten reiben sich aneinander, wobei vulkanische Eruptionen und Erdbeben ausgelöst werden. Wir bewohnen einen lebendigen Planeten, der uns fraktale und chaotische Beweise einer gewaltigen Dynamik liefert.

Überall auf der dünnen Erdkruste meißelt das Chaos die natürliche Landschaft in verzweigte, gefaltete und gebrochene Formen, in denen jedes Detail immer weiter verschachtelt ist. Dieses gewaltige Gefüge dynamischer Kräfte zeigt, daß in der Natur Dissonanz und Harmonie zugleich herrschen – ein ewiger, aber dennoch ständigen Veränderungen unterworfener Zustand, der seit Jahrhunderten Wissenschaftler und Künstler in seinen Bann zieht.

Die Eruption des Vulkans Mt. St. Helens in Washington demonstriert die ungeheuerliche Kraft von turbulenten Gasen.

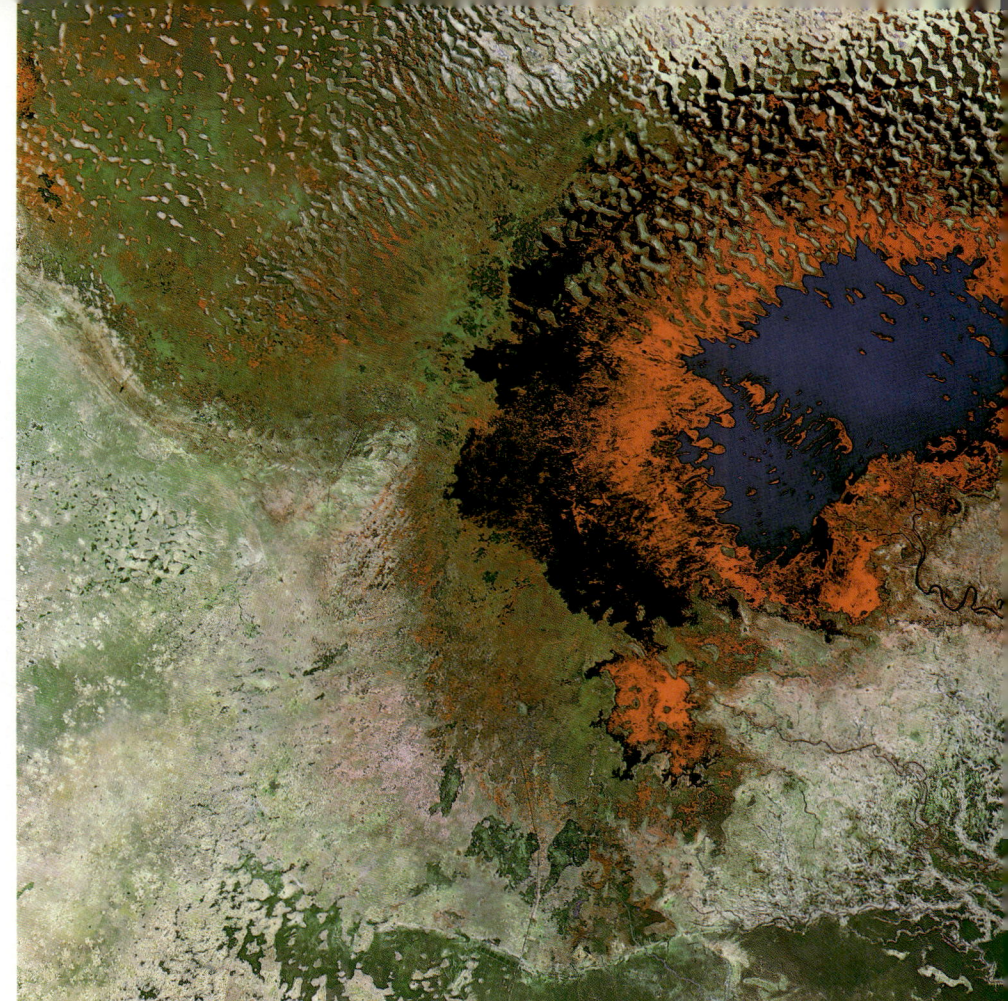

Das Ufer und die Sumpfvegetation (rot) um den Tschadsee in Afrika weisen irreguläre und fraktale Formen auf, die auf dem dynamischen Einfluß der Natur beruhen. Die grünlichen Regionen im Westen und Nordwesten sind Relikte des Sees aus der Zeit vor einer katastrophalen Trockenperiode. Die Erfahrung hat Mark Eustis von EOSAT (der Gesellschaft, die dieses Foto aufgenommen hat) gelehrt, daß Betrachter dieses Bild abstrakt und irgendwie schwer „lesbar" finden. Zeigten die Wissenschaftler Mitgliedern von Agrar- oder Stammesgesellschaften Satellitenfotos von ihrer Heimat, so identifizierten diese hingegen relativ rasch die zugrundeliegende Landschaft, wahrscheinlich weil sie sich mehr im Einklang mit dem Wandel und Rhythmus der Landschaft befinden.

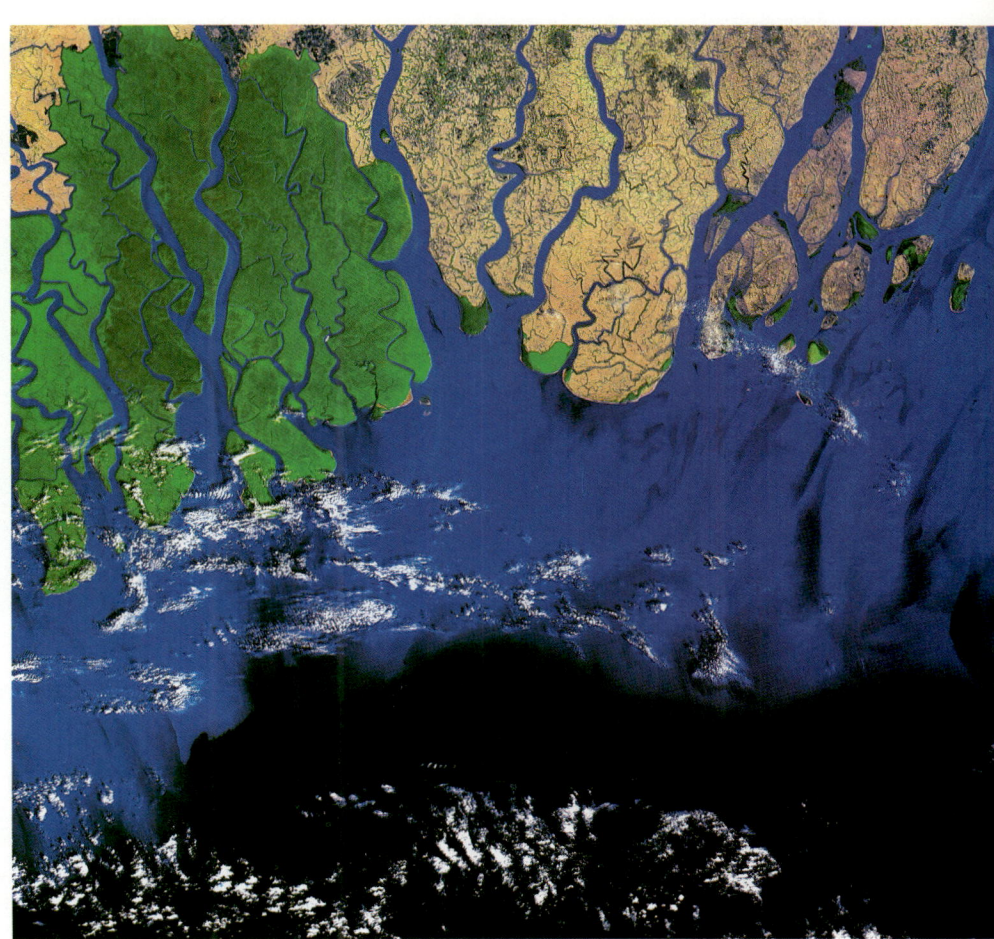

Wirbelstürme – abscheuliche Ungeheuer von selbstorganisiertem Chaos – suchen immer wieder das Mündungsgebiet des Ganges in Bangladesch heim. Die Nebenflüsse des Deltas zeigen die für klassische Fraktale typische Verzweigungsstruktur. Vergrößert man einen Ausschnitt des Abflußsystems, so wird sich die Verzweigungsstruktur des ganzen Deltas darin wiederholen. Das grün dargestellte Areal ist übrigens eines der letzten Refugien des Bengal-Tigers.

Der Landschaftsfotograf Lawrence Hudetz stellt die dynamische Ordnung des Wandels, die er in der Natur findet, der rigiden Ordnung gegenüber, die der Mensch der Natur aufzuzwingen sucht. „Die Ordnung der Natur wird ständig neu entdeckt", erklärt Hudetz. „Das macht die Natur so interessant, weil jedes Foto ein ganz neues Foto ist. Man befindet sich immer an einem anderen Ort, in einer anderen Zeit. Bei Fotos von Objekten, die von Menschen geschaffen wurden,

Diese Eishöhle am Mt. Rainier in Washington bildet eine fraktale Landschaft – das Ergebnis vieler verschiedener dynamischer Prozesse: das ständige Mahlen des Gletschers, Dehnung, Faltung, Glättung und Zerkleinerung, Folgen des wiederholten Frierens, Schmelzens und der Erosion.

Die Wassermassen der Yellowstone-Fälle folgen der vorgegebenen, fraktalen Landschaft und gestalten sie gleichzeitig.

ist dieses ständige Neuentdecken nicht möglich."

Der Fotograf Joseph Cantrell stammt wie Hudetz aus Oregon. Cantrell ist überzeugt, daß der heutige Mensch, von Wissenschaft und Technologie und ökonomischem Eigeninteresse getrieben, ständig versucht, die natürliche Ordnung des Chaos zu trivialisieren. „Wir bauen Staudämme in die Flüsse, roden die Wälder, bohren tief in das arktische Eis. Wir versuchen, alles übermäßig zu vereinfachen und die Nuancen zu beseitigen, die in der Natur vorhanden sind."

Hudetz sagt, wenn er in die freie Natur hinausgehe, um die fraktalen Formen des Chaos zu fotografieren, fühle er sich „als ganzes Wesen, frei von inneren Widersprüchen", obwohl ihm bewußt sei, daß dies paradox erscheinen müsse. „Trotz all dieser fraktalen Eindrücke, die ich empfange, reagiere ich immer auf eine bestimmte Organisationsform in einem bestimmten Augenblick. Wenn ich so empfinde, vermittelt mir dieser Augenblick das Gefühl der inneren Freiheit." Er meint, das Gefühl der Freiheit stelle sich ein, weil der Fotograf in diesem Augenblick erkenne, daß er als Beobachter Selbstähnlichkeit mit dem beobachteten Gegenstand aufweise.

Joseph Cantrells Fotografie der Wälder Oregons könnte den Titel „Zwei Fraktale" tragen. Der tote Baum und der strömende Fluß könnten extremer nicht gewählt sein, dennoch hat Cantrell die grundlegende Ähnlichkeit zwischen ihnen herausgearbeitet. Die beiden dargestellten Systeme liegen auf entgegengesetzten Seiten der Trennlinie von dynamischer Ordnung und Chaos. Der Baum ist das Produkt eines hochorganisierten, dynamischen Systems, welches jedem Wandel widersteht; der Strom ist sehr beeinflußbar und ständigem Wandel unterworfen. Von einem anderen Blickwinkel aus betrachtet, unterliegt der Baum dem Chaos des Todes, während der Strom als stabiles, innerhalb seines Wandels existierendes Objekt weiterfließt. Paradoxa von Chaos und Ordnung sind in der Natur reichlich vorhanden.

Cantrell beschreibt die Naturfotografie als einen Prozeß, in dessen Verlauf er sich für die subtilen Bewegungen des kreativen Chaos der Natur sensibilisiere. „Ich machte schon früh eine Entdekkung: Wenn ich den natürlichen Gang der Dinge nicht beeinflußte, würde ich etwas viel Wunderbareres zu sehen bekommen, als ich jemals hervorbringen könnte. Ich glaube, daß ich damals schon eine Zuneigung zu Fraktalen entwickelte. Ich war nie ein guter kommerzieller Fotograf, weil ich künstliche Arrangements nicht mag. Für mich ist es Ausdruck einer tiefen Verehrung, die Dinge zu lassen, wie sie sind – und empfänglich zu bleiben für die Nuancen des Wandels."

Zeit und Wetter zernagten dieses Ödland zu einem Königreich der Fraktale – eine strahlend schöne, stolze Ruine von variabler Selbstähnlichkeit in unterschiedlichen Größenordnungen.

Der Fotograf Lawrence Hudetz nennt diese Fotoserie von Wolken, die um den Mt. Hood in Oregon ziehen, „Porträt eines ‚seltsamen Attraktors'". Als seltsame Attraktoren bezeichnen Chaosforscher gewisse Stellen in ihren Aufzeichnungen des Chaos in dynamischen Systemen. Die Bewegung chaotischer Systeme ist einzigartig und nicht vorhersehbar, merkwürdigerweise

Auch die willkürliche Bewegung von Organismen auf unserem Planeten formt Landschaften. Verschiedene Kreaturen hinterließen dieses fraktale Muster. Ihre Spuren wurden von einem der hervorragendsten amerikanischen Fotografen, dem verstorbenen Edward Weston, aufgenommen. Biologisches Verhalten ist zwar dem dynamischen Chaos unterworfen, so daß es im einzelnen nicht vorhersagbar ist, weist aber eine feine, ganzheitliche Ordnung auf, die Weston in diesem Bild würdigt.

werden die Systeme aber von bestimmten Regionen des Aufzeichnungsraums angezogen: Chaosforscher drücken das so aus, daß für das System an dieser Stelle ein seltsamer Attraktor existiert, so wie die Wolken in ihrer Bewegung von dem seltsamen Attraktor Mt. Hood angezogen werden.

Bei dieser Fotografie von moosbewachsenen Felsen könnte es sich genausogut um eine Luftaufnahme einer gebirgigen, mit Bäumen bewachsenen Landschaft handeln. Die Erde zeigt ein fraktales Gesicht, sie wiederholt selbstähnliche Formen in vielen verschiedenen Größenordnungen.

SPIRALEN, SOLITONEN UND SELBSTORGANISATION

Die vom Chaos erzeugte Komplexität wirkt bei
der Entstehung unserer ästhetischen Reaktionen mit.
Durch chaotische Rückkoppelung klingt beispielsweise
die Elektro-Gitarre eines Eric Clapton viel interessanter
und aufregender. Die spontane Komplexität
selbstorganisierter Systeme läßt einen Baum schöner
erscheinen als einen Telegrafenmasten.

—NEW SCIENTIST, 21. Oktober 1989.

Im 19. Jahrhundert sagten Physiker voraus, das Universum treibe unvermeidlich auf den Wärmetod der Entropie zu – auf einen willkürlichen, strukturlosen Gleichgewichtszustand. Doch im selben Jahrhundert beschrieben Charles Darwin und Alfred Russel Wallace einen Prozeß, in dessen Verlauf sich – zumindest auf der Erde – eine immer komplexere Struktur entwickelt. Konnten beide wissenschaftlichen Sichtweisen richtig sein? Die Chaosforscher haben dieses Rätsel weitgehend gelöst.

Der Chaos-Theorie und ihren frühen Vertretern, wie beispielsweise dem belgischen Chemiker Ilya Prigogine, verdanken wir die Erkenntnis, daß *die Bedingungen, unter denen Struktur entsteht, weit vom Zustand des Gleichgewichts entfernt sind.* Zwar können sich die Dinge mitunter (vielleicht sogar relativ häufig) auf ihre Auflösung, Nicht-Dinghaftigkeit und Entropie zubewegen; doch gibt es auch Zustände, in denen ein natürliches Ungleichgewicht herrscht, das durch im Fluß befindliche Chemikalien und Gase erzeugt wird oder durch thermonukleare Energie, die in den Weltraum hinaussprüht. Aus diesem Ungleichgewicht bringt eine energiereiche, hochgradig chaotische Aktivität spontan Struktur und Komplexität hervor. Wir wollen hier der Frage nachgehen, wie dieser Zaubertrick des Chaos zustande kommt.

Die Entwicklung der Belusow-Zhabotinsky-Reaktion. Als Wissenschaftler die Gleichung, die diese Reaktion beschreibt, aufzeichneten, stellten sie fest, daß die Aktivität zwar ständig unberechenbar und chaotisch ist, daß sie aber dennoch innerhalb eines bestimmten Verhaltensmusters abläuft. Der Raum, der diesen Bereich des Unbestimmten umfaßt, heißt Rössler-Attraktor. Einige Wissenschaftler vermuten, daß ein chemischer Vorgang wie die BZ-Reaktion der Anfang allen Lebens auf Erden war.

Der Biomathematiker Arthur Winfree, bekannt für seine Fotografien von der BZ-Reaktion, glaubt, daß die spiralförmige Struktur der Linsen, aus denen sich das Auge des Leuchtkäfers zusammensetzt, aus sich selbst organisierenden Wellen entstanden ist. Er vermutet, daß das Muster auf den Linsen von einem autokatalytischen (Rückkoppelungs-) Prozeß zurückgelassen wurde, der das Chaos in Ordnung überführte. Eine andere Form von Selbstorganisation synchronisiert das Blinken der Glühwürmchen, wenn sie schwärmen. In einer Sommernacht lassen sich die Leuchtkäfer auf einem Baum am Ufer eines Flusses nieder und blinken zunächst zufällig. Bald darauf beginnen jedoch kleine Gruppen gemeinsam aufzuleuchten, und die Synchronisation geht weiter, bis der gesamte Schwarm im gleichen Rhythmus blinkt. Mathematiker, die das Phänomen von puls- oder phasengekoppelten Oszillatoren wie elektrischen Oszillatoren, Herzzellen oder blinkenden Glühwürmchen untersuchen, haben Einblicke in die Funktionsweise der Phasenkoppelung bekommen. Wenn jeder Oszillator feuert, werden durch Rückkoppelung der wiederholten Signale die benachbarten Oszillatoren derart angeregt, daß ein Oszillator nahe seines Schwellenwerts durch ein Signal seines Nachbarns zum Feuern veranlaßt wird. Ab diesem Zeitpunkt schwingen die Oszillatoren gemeinsam. Dieser Prozeß läuft, nach Meinung der Wissenschaftler, solange fort, bis alle Oszillatoren (Leuchtkäfer) zusammengekoppelt sind. (Ausführlicheres über Selbstorganisation und Rückkoppelung im nächsten Kapitel.)

Ein erster Hinweis auf den Prozeß der Selbstorganisation ergab sich bei der Entdeckung einer bestimmten chemischen Reaktion. Sie wurde von den sowjetischen Wissenschaftlern Belusow und Zhabotinsky zuerst beschrieben und nach ihnen Belusow-Zhabotinsky-Reaktion (kurz BZ-Reaktion) benannt. Durch die BZ-Reaktion wurde die lange vorherrschende Meinung widerlegt, daß chemische Reaktionen rein zufällige Verbindungen von reagierenden Molekülen darstellten. Werden bei der BZ-Reaktion die chemischen Stoffe in einer flachen Schale zusammengebracht, geschieht etwas Eigenartiges: Spontan bilden sich rotierende konzentrische Kreise, Schnörkel und Spiralen. Es ist, als entstünde dabei eine neue Form von Leben.

Bei der Untersuchung der chemischen Prozesse der BZ-Reaktion stellten die Wissenschaftler fest, daß die dabei entstehende Ordnung von der Herausbildung

eines Zyklus abhängt, bei dem eine der Chemikalien sich selbst zu reproduzieren beginnt. Diesen Rückkoppelungsprozeß nennen die Chemiker „Autokatalyse". Die positive Rückkoppelung der Autokatalyse wirkt wie eine Pumpe, die immer neue „Wellen" aktiver Bereiche erzeugt. Hinter den einzelnen Wellen befinden sich nicht-aktive Bereiche, ferner rezeptorische Bereiche, in die sich die Reaktion verlagert. Doch *innerhalb* der Wellen wiederholt sich derselbe Vorgang in immer kleineren Maßstäben – und daraus ergibt sich das fraktale Erscheinungsbild der Reaktion.

Boris Belusow, ein Mitarbeiter des Sowjetischen Gesundsheitsministeriums, reichte 1951 einen Aufsatz ein, in dem er diese chemische Reaktion beschrieb. Der Aufsatz wurde mit der Begründung abgelehnt, daß die „angeblich gemachte Entdeckung unmöglich" sei. Anatol Zhabotinsky von der Universität Moskau erbrachte dann den Nachweis für die Reaktion; Belusow erlebte allerdings die Verleihung des Lenin-Preises nicht mehr, der ihm später zusammen mit Zhabotinsky für diese Leistung zuerkannt wurde. Bald füllten sich die Chemie-Zeitschriften mit Berichten über viele andere autokatalytische Reaktionen, die wie die Spiralfedern von Uhren aussahen. In jüngster Zeit entdeckten Wissenschaftler die Spiralen einer selbstorganisierenden Ordnung, die aus dem Chaos im Schleimpilz entsteht. (Die Zellstruktur des Schleimpilzes scheint an einem bestimmten Punkt ihres Zyklus beinahe identisch mit den Spiralen der BZ-Reaktion zu sein.) Sie entdeckten diese Ordnung ferner bei der Verbreitung von Erregungsimpulsen in den Nerven sowie bei der Bildung von Spiralnebeln im Weltraum. Manche Wis-

Wissenschaftlern ist es gelungen, dem Computer die nichtlinearen Gleichungen, die die Belusow-Zhabotinsky-Reaktion beschreiben, einzugeben und die spiralförmige, schnörkelige Fortpflanzung der Wellen zu simulieren. Sie können sie ebenso mit Hilfe „zellulärer Automaten" nachahmen. Die Forscher unterteilen dabei den Bildschirm in Kästchen, und das Programm läuft nach der einfachen Regel ab: „Wenn die links- und rechtsseitigen Kästchen leer sind, dann wachse in das linksstehende." Bei einem zufälligen Start mit einigen gefüllten Kästchen entwickelt sich Chaos auf dem Bildschirm. Andere zufällige Startbedingungen flackern, um zu

verschwinden, andere wiederum flimmern, um organisierte Formen aufzubauen, die sich über den Bildschirm ausbreiten. Erstaunt hat die Forscher, daß ganz verschiedene Startbedingungen die Schnörkel der BZ-Wellen hervorbringen können. Die 3-D-Darstellung oben wurde von Mario Markus am MPI Dortmund erstellt.

Eine solche Wasserhose entwickelt sich, wenn durch das Aufsteigen warmer Luft die sie umgebenden Luftmassen gezwungen werden, zu verwirbeln und sich selbst zu einer Säule zu organisieren. Druck, Temperatur und Windverhältnisse müssen stimmen, damit diese geordnete Struktur aus dem scheinbaren Nichts entstehen kann.

senschaftler glauben sogar, daß das Leben auf der Erde aus einer strukturschaffenden Reaktion wie der BZ-Reaktion entstanden sein könnte.

Paradoxerweise können schnörkelartige, selbstorganisierte Wellen zum Tod führen, wenn sie sich in den elektrischen Impulsen des menschlichen Herzens ausbreiten. Herzattacken und epileptische Anfälle sind nach Auffassung der Wissenschaftler eine Form von selbstorganisiertem Chaos, die auftritt, wenn das Herz oder Gehirn plötzlich *zu viel* Ordnung aufweist. Diese Körpersysteme verlieren dann die Variabilität ihres normalen, gesunden Hintergrund-Chaos. In dem ungesunden, allzu regelmäßigen Zustand werden manche Systeme an einen kritischen Punkt getrieben; es entstehen schnelle periodische Wellen, die gegen das Gewebe schlagen und es schädigen. Das „Klopfen" in einem Automotor könnte ein weiteres Beispiel für eine ungewollte selbstorganisierte Schwingung sein, die aus Chaos entsteht.

Ein chaotisches System bringt die Dinge immer wieder durcheinander und schafft dabei immer wieder neue Richtungen, in die sich das System entwickeln kann. Diese flüchtigen Momente an den Verzweigungspunkten nennen die Chaosforscher *Bifurkationsstellen.* An einigen Bifurkationsstellen kann sich die Konzentration einer Chemikalie, ein Wärmezustand oder das Zeitintervall eines elektrischen Impulses durch die Rückkoppelung des Systems verstärken oder verändern. Dabei werden die Phasen oder Frequenzen der Rückkoppelung fest miteinander verbunden; eine neue Struktur entsteht.

Ist die neue Struktur erst einmal entstanden, bleibt sie „am Leben", indem sie sich aus dem ungeordneten, sich ständig verändernden Umfeld „ernährt". Dies ist beispielsweise bei Tornados und anderen Wirbelstürmen der Fall. Sie entstehen aus Turbulenzen und erhalten sich am Leben, indem sie von Gewittern, Luftfeuchtigkeit, hohen Temperaturen und hohem Luftdruck zehren.

Besonders lang anhaltende Formen der Phasenkoppelung nennt man *Solitonen.* Das „Auge" des Planeten Jupiter ist so ein Wirbel, größer als die Erde. Dieser sogenannte „Große Rote Fleck" wurde 1644 entdeckt und hat sich anscheinend in den vergangenen 150 Jahren vergrößert. Wissenschaftler glauben, daß der Fleck an einem Bifurkationspunkt aus Turbulenzen entstand. An dieser Stelle verbanden sich die Rotation des Planeten sowie nördliche und südliche Schichten von Hochgeschwindigkeits-Turbulenzen und bildeten einen Wirbel, der sich stabilisierte und verstärkte.

Das seismische Chaos, das bei einem Erdbeben entsteht, kann im Ozean eine Phasenkoppelung auslösen und so einen „Tsunami", eine seismische Wasserwelle bilden, die an der Oberfläche nur wenige Zentimeter hoch ist, aber eine Tiefe von mehreren hundert Metern aufweisen kann. Eine solche Welle kann sich über

Tausende von Seemeilen fortbewegen, bis sie über den Festlandsockel bricht und eine Katastrophe auslöst. Man kennt noch andere Solitonenwellen im Ozean, die unter der Oberfläche entlang des Grenzbereichs zwischen kaltem Tiefseewasser und warmem Oberflächenwasser große Entfernungen zurücklegen.

Techniker schufen Lichtsolitonen, indem sie einen Lichtimpuls einer ganz bestimmten Frequenz über eine Lichtleitfaser schickten. Im Gegensatz zu anderen Lichtimpulsen dispergiert das Lichtsoliton auch bei großen Entfernungen nicht.

Das Phänomen der Solitonen wurde zu-

Eine Satellitenaufnahme von einigen parallelen Solitonenwellen im Ozean. Diese Wellen pflanzen sich über erhebliche Entfernungen fort, ohne zu dispergieren. Solitonen zeigen noch andere merkwürdige Charakteristika. Die Schwingungen aller Elemente im Soliton sind derart synchronisiert, daß zwei Solitonenwellen, die im Winkel oder aus entgegengesetzten Richtungen aufeinandertreffen, sich durchlaufen und völlig unversehrt wieder auseinander hervorgehen.

Die Lebensspirale, wie man dieses Muster nennen könnte, erscheint auf steinzeitlichen Strukturen überall auf der Welt. Dieser verzierte Grabstein aus Sligo in Irland wird auf etwa 2500 v. Chr. datiert. Die Steinschneider scheinen, intuitiv oder aufgrund einer alten Religion oder Wissenschaft, die Spiralform mit Aktivität in der lebensspendenden Grenzzone zwischen Ordnung und Chaos gleichgesetzt zu haben. Für Anthropologen symbolisiert dieses alte Spiralmotiv das Labyrinth, die knifflige Reise in das Wesen des Seins.

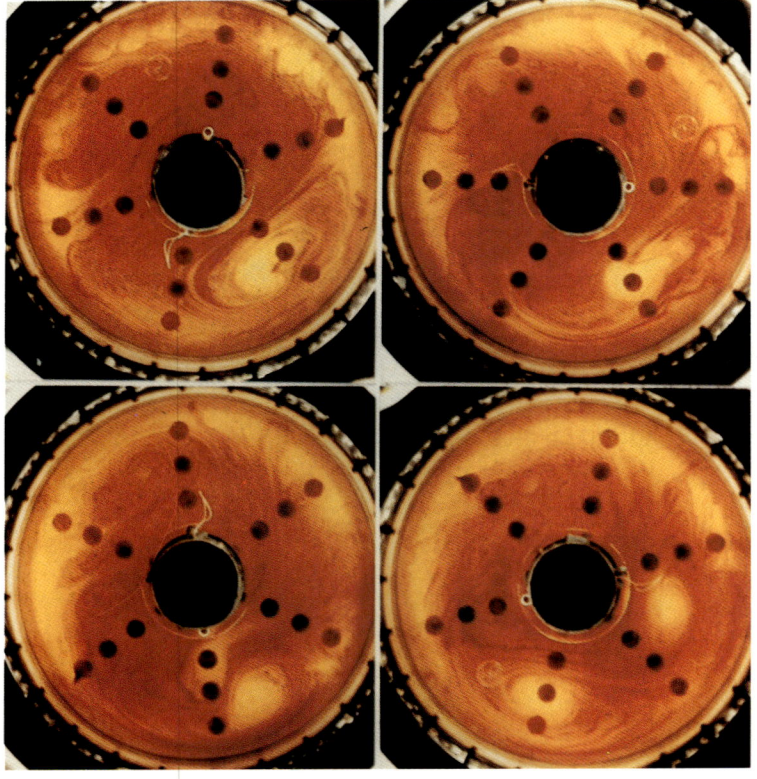

erst von dem schottischen Ingenieur John Scott Russell untersucht. Russell beobachtete zufällig eine seltsame Welle, die sich ohne äußere Veränderung einen Kanal entlangbewegte. Er ritt ihr mehrere Kilometer weit nach. Heute ist den Wissenschaftlern bekannt, daß Solitonwellen entstehen, wenn die natürliche Neigung der Welle zur Dispersion durch einen anderen Faktor genau ausgeglichen wird (zum Beispiel durch die Intensität des Lichtimpulses und die Länge der Lichtleitfaser). Russells Kanalsoliton blieb bestehen, weil die Wände und die Tiefe des Kanals genau die richtigen Bedingungen für die Phasenkoppelung der vielen kleinen Wellen in einer turbulenten Welle darstellten, die sich sonst aufgelöst hätte. Die der Welle innewohnende Tendenz zur Dispersion wurde durch die Kanalwände ausgeglichen, von denen die sich ausbreitende Welle zurückgehalten wurde.

Solitonen wachsen und gedeihen – wie andere selbstorganisierte Strukturen – in einer dynamischen Welt, die nur durch einen feinen, scharfen Grat von ihrer Auflösung getrennt ist.

Harry Swinnes, Joel Sommeria und Steven Meyers am Zentrum für Nichtlineare Dynamik der Universität Texas in Austin bauten ein Gerät, das Wasser aus einem inneren Ring mit sechs Eingängen in einen mittleren Ring mit sechs Ausgängen pumpt, wobei ein rasch rotierender Flüssigkeitsring entsteht. Die Pumpbewegung führt zur Bildung von Wirbeln, welche von einer kritischen Rotationsgeschwindigkeit an zu einem großen, stabilen Wirbel verschmelzen, einer Nachahmung des Roten Flecks von Jupiter. Dieser Wirbel ist eine Manifestation der Stabilität in einem Kessel von Turbulenz.

RÜCKKOPPELUNG UND ITERATION: DER HERZSCHLAG DES CHAOS

*Für mich besitzt das Pfauenrad unverwechselbar den Stempel
der positiven Rückkoppelung. Es ist eindeutig das Produkt
irgendeiner Art unkontrollierter, instabiler Explosion, die im
Verlauf der Evolution stattfand ... Darwin verglich die
[Pfauen-]Henne mit einem menschlichen Züchter, der den
Lauf der Evolution von Haustieren nach den Maßstäben
ästhetischer Launen lenkt.*

–RICHARD DAWKINS, *Der blinde Uhrmacher.
Ein neues Plädoyer für den Darwinismus.*

Nehmen wir an, Sie begegnen einem Bekannten, den Sie seit geraumer Zeit nicht mehr gesehen haben. Der Freund oder die Freundin hat sich verändert. Sie sagen: „Du hast aber abgenommen!" Aber Sie täuschen sich. Es ist Ihnen peinlich, als Sie erfahren, daß Ihre Freundin nur eine neue Frisur hat oder daß sich Ihr Freund nur einen Schnurrbart wachsen ließ. Natürlich! Warum war Ihnen das nicht sofort aufgefallen?

Rückkoppelung ist einer der Gründe dafür.

Sie betrachten Ihren Freund oder Ihre Freundin als Ganzes, als Gestalt, so daß jeder Teil Ihres visuellen Eindrucks auf eine unentwirrbare Weise auf jeden anderen Teil einwirkt. Wird ein Teil verändert, erscheint das Ganze verändert. Nichtlineare Systeme – und dazu zählen viele dynamische sowie alle chaotischen Systeme – sind gegenüber kleinen Veränderungen extrem empfindlich, weil die Rückkoppelung zwischen ihren untrennbar verbundenen „Teilen" kleine Veränderungen so verstärken kann, daß sich große Wirkungen ergeben. Ein Schnurrbart oder eine neue Frisur sind keine großen Veränderungen, aber die Wirkung auf das Ganze kann erheblich sein.

Wissenschaftler unterscheiden gewöhnlich zwischen zwei allgemeinen und ganz verschiedenartigen Typen von Rückkoppelung. Als „negative Rückkoppelung" wird der Typus bezeichnet, der die Dinge unter Kontrolle hält: Der Regler in Thomas Watts Dampfmaschine erzeugte eine negative Rückkoppelungsschleife. Arbeitete die Maschine mit Hochdruck, so öffnete sich der Regler und ließ Dampf entweichen. Auf diese Weise wurde die Explosion des Kessels verhindert. Sobald die Maschine wieder langsamer arbeitete, schloß sich der Regler, um den Druck nicht weiter absinken zu lassen. Die „positive Rückkoppelung" hat trotz ihres irreführenden Namens nicht immer positive Auswirkungen, denn sie treibt die Systeme spiralenförmig außer Kontrolle oder gar zur Explosion. Wird eine Videokamera auf ihren eigenen Monitor gerichtet, erhält man das optische Gegenstück des Pfeiftons, also der positiven Rückkoppelung, die entsteht, wenn man mit dem Mikrofon zu nahe an den Lautsprecher kommt. In den erstarrten

  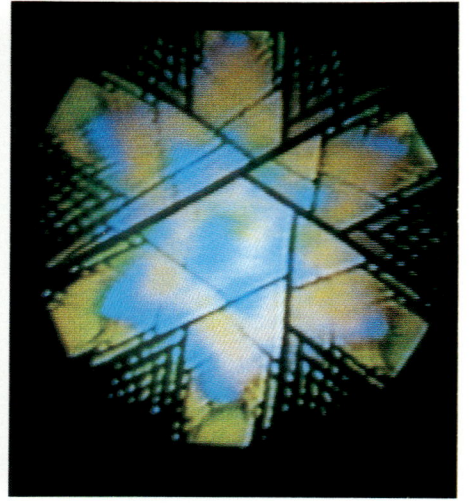

Bildern des Video-Chaos können wir erkennen, daß diese positive Rückkoppelung eine strukturgebende Dimension besitzt: Hier entstehen neue Formen.

Rückkoppelung kommt überall in der Natur vor; sie ringt der Unordnung Ordnung ab und kämpft zäh darum, daß diese Ordnung ihren Platz behält. Rückkoppelungen sind die Instrumente des neuentstehenden Lebens wie auch neuer Verwüstungen – von der positiven Rückkoppelung, die zur Eskalation des Rüstungswettlaufs zwischen den Staaten führt, Computer-Netzwerke durcheinanderbringt und manche Asteroide aus ihren Umlaufbahnen wirft, bis hin zur negativen Rückkoppelung bei der Hechtpopulation in einem See, die bei steigender Zahl der Forellen zunimmt und wieder abnimmt, wenn es weniger Forellen gibt.

Richard Dawkins ist Professor für Zoologie an der Universität Oxford und Autor der Bücher *Das egoistische Gen* und *Der blinde Uhrmacher*. Dawkins hält die gesamte Evolution für eine grandiose Rückkoppelungs-Leistung. Er stellt beispielsweise fest, daß infolge der Mutationen, durch die sich der Körperbau eines Raubtiers verändert, sich auch der Druck auf das Beutetier verändert, so daß die Beute ihrerseits wieder effektivere Gegenstrategien entwickeln muß, um sich vor den besser angepaßten Raubtieren zu schützen. In dem Maße, in dem die Beutetiere listiger werden, verändern sich auch die Raubtiere kollektiv. Dies ist ein Zeichen dafür, daß die Evolution durch positive Rückkoppelung vorangetrieben wird. Gleichzeitig verhindert die negative Rückkoppelung in der Evolution, daß die Mutationen spiralenförmig außer Kontrolle geraten. Durch die Kontrollkapazität vieler negativer Rückkoppelungsschleifen werden die meisten Mutationen einfach eliminiert, so daß die Spezies über lange Zeitabschnitte gleich und stabil bleibt.

Richtet man eine Kamera auf ihren eigenen Monitor, so entsteht durch Rückkoppelung ein Video-Chaos. Bei diesen Beispielen wurde ein Spiegel im rechten Winkel zum Bildschirm aufgestellt, und die Kamera wurde auf den Winkel von Spiegel und Bildschirm gerichtet. Die Unvollkommenheiten an dieser Schnittstelle wurden durch positive Rückkoppelung zu chaotischen (oder fraktalen) Formen aufgebläht, die an ein Kaleidoskop erinnern.

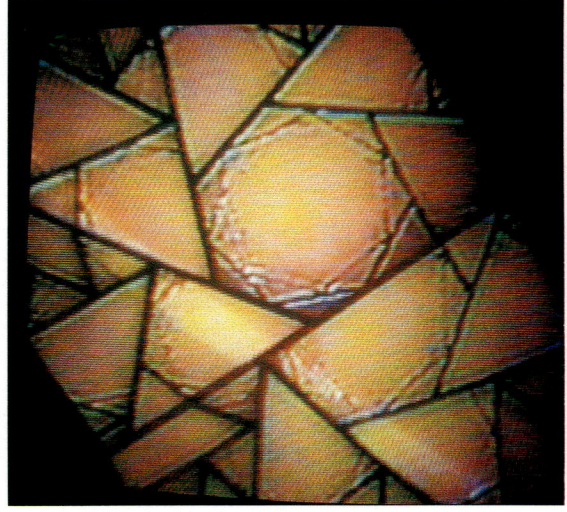
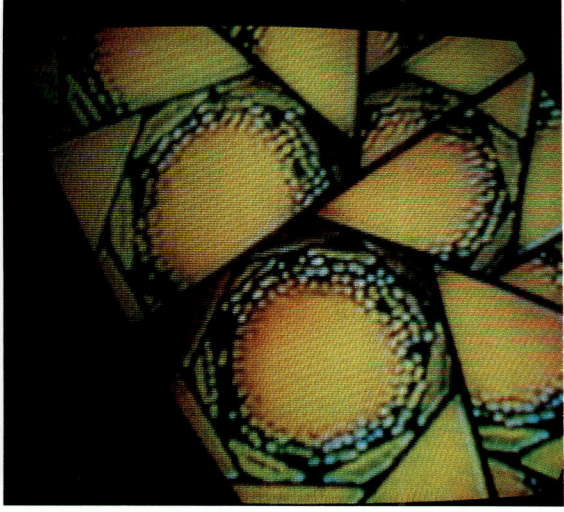

Der Planet Erde gleicht einem riesigen, dynamischen System, überzogen mit einem Rückkoppelungsnetz, das es gleichzeitig stabil und veränderlich hält. Positive Rückkoppelungsschleifen treiben die Umwelt in den Wandel; negative Rückkoppelungsschleifen zügeln das System. Das Wolkensystem der Erde zum Beispiel wirkt wie ein Thermostat. Wenn sich die Oberfläche der Ozeane zu stark erwärmt, gibt sie Wasserdampf ab, und es bilden sich Wolken, die die Sonneneinstrahlung vermindern; kühlt sich die Wasseroberfläche ab, bricht die Verdunstung ab, die Wolken lösen sich auf, und die Sonneneinstrahlung erwärmt das Wasser wieder. Dieses Foto wurde von der Mannschaft von *Apollo 11* aufgenommen.

Die Umweltwissenschaftler streiten sich heute über die Wirkung von Rückkoppelungen auf das Weltklima. Die eine Seite glaubt, die unzähligen negativen Rückkoppelungsschleifen bewirkten, daß die Temperatur der Atmosphäre stabil bleibe, so sehr wir sie auch mit Kohlendioxyd belasten. Die andere Seite weist darauf hin, daß irgendwo im System eine positive Rückkoppelungsspirale schon eine relativ kleine, von Menschen verursachte Störung zu einer Umweltkatastrophe beschleunigen könne. Durch die enge Verzahnung der positiven und negativen Rückkoppelungsschleifen unseres Planeten wird das globale System dynamisch – und grundsätzlich chaotisch –, so daß es unmöglich ist, unser Schicksal vorherzusagen.

Eine der wichtigsten Entdeckungen der Chaosforschung war, daß positive Rückkoppelungen in geordneten Systemen komplexe und sogar chaotische Prozesse auslösen und daß sich negative Rückkoppelungen in normalerweise chaotischen Systemen entfalten können, wobei sie plötzlich Ordnung und Stabilität in diese Systeme bringen. So zeigt sich positive Rückkoppelung beispielsweise bei der chaotischen Interaktion von Vögeln, die plötzlich von den Bäumen aufgescheucht werden. Die Flugmuster der Vögel wirken wild und ungeordnet, da sie während der ersten Flugmomente versuchen, einander auszuweichen. Als Folge entstehen negative Rückkoppelungsschleifen; die Flugmuster der Vögel erschei-

Rückkoppelung zeigt sich auch, wenn die einzelnen Fische einer Karpfenschule gleichzeitig sich ausweichen und einander anziehen; die Karpfen scheinen im Begriff zu stehen, sich durch Rückkoppelung zu einem organisierten Zug zu formieren. Rückkoppelung spielt möglicherweise die entscheidende Rolle beim Übergang von Chaos zu Ordnung und von Ordnung zu Chaos.

nen jetzt hochgradig geordnet. Ein Zoologe schaffte es sogar, das Verhalten von Vögeln, die sich zum Schlafen niederlassen, auf seinem Computer nachzubilden. Er schrieb ein Programm, dem einige einfache Regeln mit Rückkoppelungen zugrunde lagen, zum Beispiel: Die Vögel werden zueinander hingezogen, ziehen sich jedoch wieder zurück, wenn sie einander zu nahe kommen.

Die Chaosforscher können viele komplexe dynamische Prozesse in der Natur mathematisch nachahmen. Sie benutzen dabei Gleichungen, deren Terme von der einen Seite der Gleichung auf die andere rückgekoppelt werden, während die Berechnungen im Computer mehrfach wiederholt oder iteriert werden. Iterative Gleichungen werden heute von Chaosforschern regelmäßig eingesetzt, um dynamische Prozesse wie die turbulenten Strömungsbewegungen interstellarer Gase, Statik in elektrischen Systemen und die Verbindungen von Reaktanden in chemischen Reaktionen zu erfassen. Dawkins nutzte die iterativen Möglichkeiten

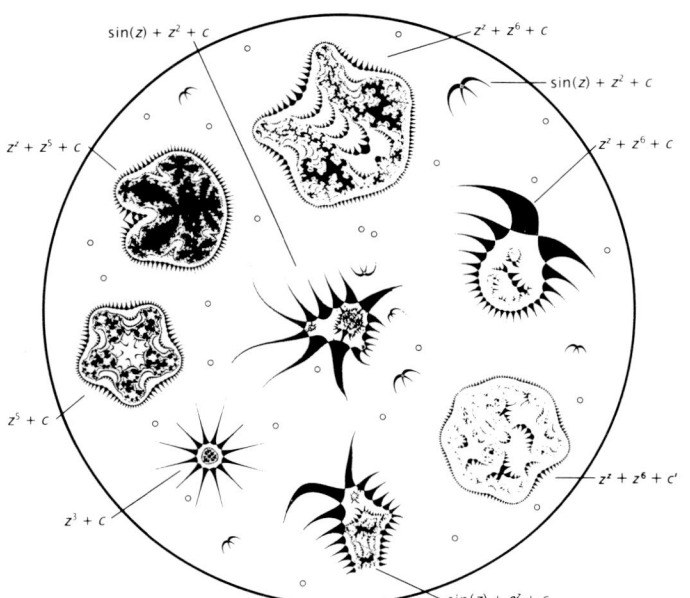

$\sin(z) + z^2 + c$

$z^2 + z^6 + c$

$\sin(z) + z^2 + c$

$z^2 + z^5 + c$

$z^2 + z^6 + c$

$z^5 + c$

$z^2 + z^6 + c'$

$z^3 + c$

$\sin(z) + e^z + c$

der rekursiven Programmierung für die Entwicklung seines „Biomorph"-Programms, mit dem die Evolution simuliert werden kann. In dem Programm werden Werte für Gene iteriert; ab und zu werden Kopierfehler eingefügt, die sich durch Rückkoppelung zu ganz neuen Generationen von Computer-Geschöpfen entwickeln. Manche dieser Kreaturen erinnern an die Trilobiten, die während des Kambriums vor 570 Millionen Jahren die Ozeane bevölkerten.

Cliff Pickover benutzte ebenfalls die Iterationen rein mathematischer Funktionen, um eine Kunstwelt voller Biomorphe hervorzubringen.

Pickovers Biomorphe weisen in verschiedenen Maßstäben Selbstähnlichkeit auf (kleine Teile des Organismus ähneln größeren Teilen des Organismus), was auf ein wesentliches Merkmal der Rückkoppelung in dynamischen Systemen verweist: Wirkliche Systeme, zum Beispiel Menschen und Gebirgszüge, weisen in verschiedenen Skalierungen ebenfalls Selbstähnlichkeit auf. Die Verästelungen unserer Lungen, Nerven und unseres Kreislaufsystems beweisen, daß selbst unser Körper ein Produkt der Rückkoppelung ist.

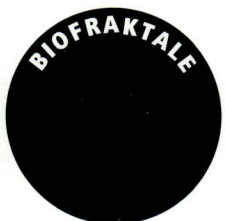

Man löse eine Gleichung, setze das Ergebnis in die Gleichung ein und löse sie wieder; dies wiederhole man millionenmal. Auf diese Weise hat Clifford Pickover von IBM diese Form erzeugt. Für jede gelöste Gleichung trug er einen Punkt in einem Diagramm ein und konnte so den im Raum herumfegenden Punkt verfolgen. Es entspricht fast dem Versuch, die Bewegung einer Fliege, die im Zimmer herumsaust, aufzuzeichnen. Würde diese komplexe Form jedoch auf eine Fliege zurückgehen, so würde es sich um eine seltsame Fliege handeln, da ihre Flugbahn auf einen Teil des Raumes beschränkt ist. Es hätte den Anschein, als ob die Fliege unwiderstehlich von dieser Region angezogen ist, auch wenn ihre Bewegung innerhalb des Bereichs chaotisch ist. Wissenschaftlich formuliert, stellt Pickovers Gebilde einen „seltsamen Attraktor" dar, der wie Pickover sagt, „trotz großer Unregelmäßigkeit eine bestimmte Struktur besitzt". Alle seltsamen Attraktoren sind fraktal.

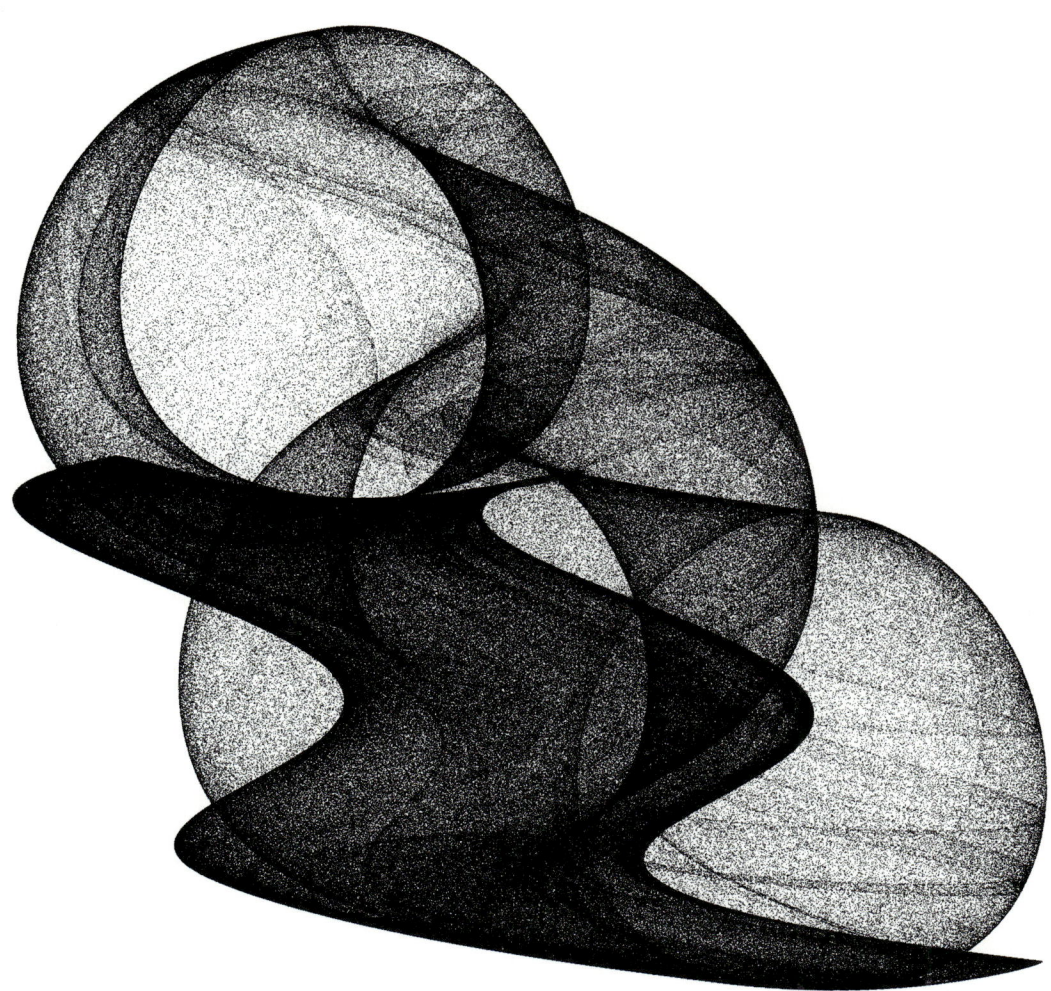

UNSER KÖRPER:
EINE FRAKTALE SCHÖPFUNG

*Wenn Sie Fraktale mögen, dann deshalb, weil Sie selbst aus
Fraktalen bestehen. Wenn Sie Fraktale nicht leiden können,
dann deshalb, weil Sie sich selbst nicht leiden können.
Das kommt vor.*

−HOMER SMITH, Computeringenieur bei Art Matrix.

Das traditionelle medizinische Modell stellt den menschlichen Körper als organische Maschine dar. Der Herzschlag tickt wie eine Uhr, bis die Maschinerie verschlissen ist. Das Skelett erscheint als Gerüst von Kugelgelenken und Scharnieren, in dem Teile repariert und sogar ausgetauscht werden können. Das mechanische Modell zeigt das Nervensystem als eine Art Telefonanlage oder, um es mit einer moderneren High-Tech-Metapher auszudrücken, als Computer-Schaltkreise, als „wetware".

Diese Vorstellung des Körpers steht in scharfem Kontrast zu dem Gedankenmodell einer jüngeren Generation von Wissenschaftlern. Sie begreifen unsere Physiologie im holistischen Sinn als eine Wesenseinheit, die mit Fraktalen und Chaos eng verknüpft ist. Die fraktale Geometrie stellt Strukturen von Räumen und Oberflächen dar, die sich winden, immer weiter verfalten und in immer kleinerer Skala in selbstähnliche Details verzweigen. Überall in unserem Körper finden sich solche Strukturen und Oberflächen. Betrachten wir die klassische Darstellung von Andreas Vesalius, dem Vater der modernen Anatomie:

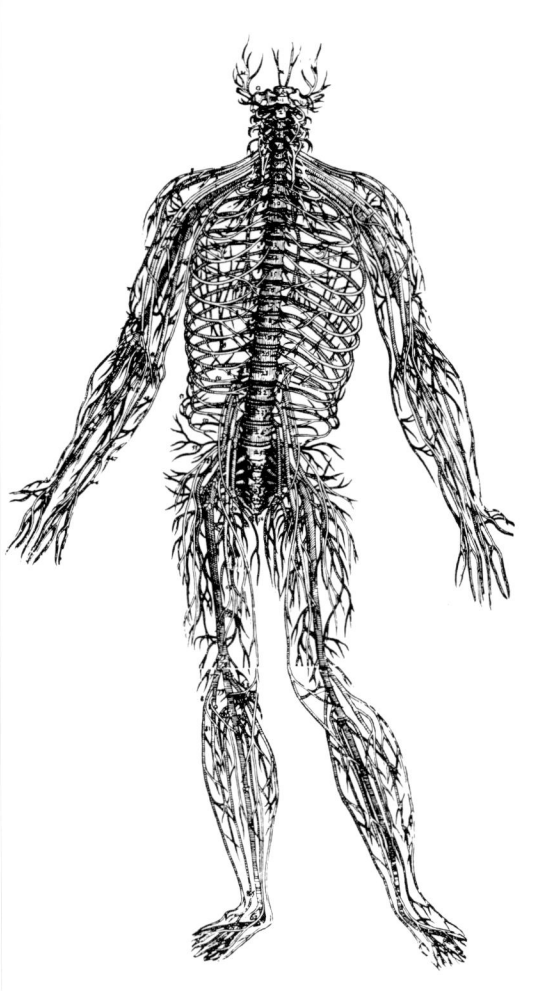

Die medizinischen Lehrbücher sind voll von solchen Bildern – Zeichnungen, die jede Einzelheit zeigen, die Verästelung immer kleinerer Blutgefäße, die unser Herz versorgen, die dichtgedrängten, in immer kleinerer Skala sich verfeinernden Verzweigungen des gesamten Kreislaufsystems. Im Lymphgefäßsystem, im Dünndarm, in den Lungen, im Muskelgewebe, im Bindegewebe, in der faltenreichen Oberfläche des Gehirns, in den Nierenbeckenkelchen und in der Beschaffenheit der Gallenkapillaren – überall werden unregelmäßige, selbstähnliche Formationen sichtbar. Durch diesen fraktalen Bau werden die Oberflächen sehr stark vergrößert, die für die Verteilung, Sammlung, Absorption und Ausscheidung einer Vielzahl lebenswichtiger, regelmäßig durch den Körper fließender Flüssigkeiten und gefährlicher Gifte zur Verfügung stehen. Das komplizierte fraktale Muster der Neuronen bildet ein unglaublich empfindliches und effizientes Netzwerk für die Bearbeitung von Informationen. Jede dieser fraktalen Strukturen des Körpers ist unregelmäßig geformt und größer als erforderlich, so daß das Gesamtsystem nur relativ geringen Schaden erleidet, wenn Teile verletzt oder entfernt werden. Fraktale verleihen dem Körper Flexibilität und Widerstandsfähigkeit.

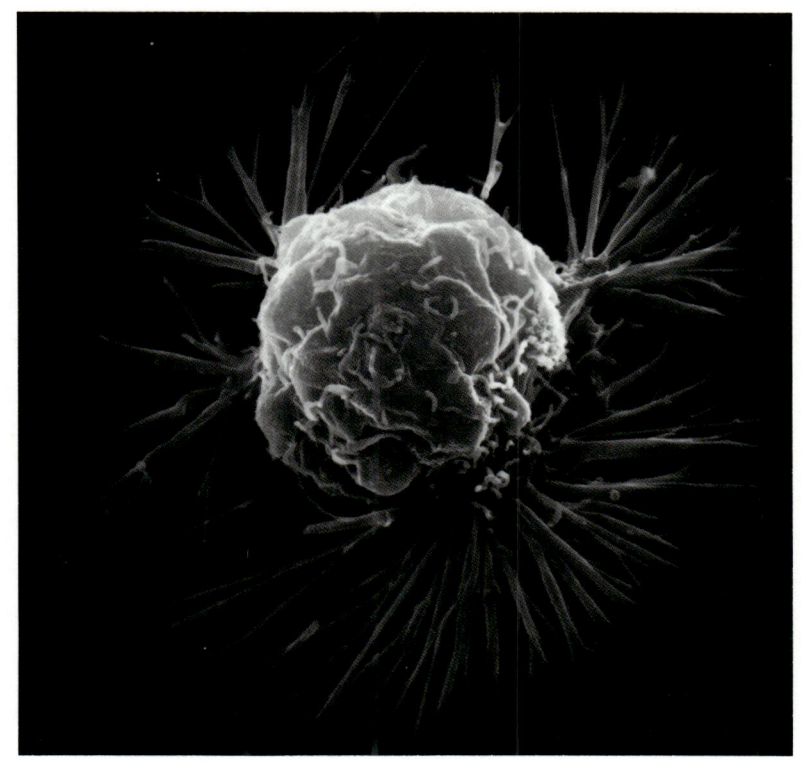

Ein bösartiges Fraktal. Diese runzlige, sich im Raum verzweigende Brustkrebszelle vermehrt sich im menschlichen Körper auf Kosten der gesunden fraktalen Strukturen. Auch die Formen anderer Krankheitsauslöser sind fraktal; so sind z.B. die elektrischen Ladungen in der „Hülle" des Poliovirus fraktal angeordnet.

Die dendritische (fraktale) Struktur von Gehirnzellen, großartig aufgenommen von einer Gruppe des Fidia-Forschungslabors in Padua, Italien. Fraktale Geometrie ist die Voraussetzung, aus der drei Pfund schweren Gehirnmasse eine enorme variable Oberflächenstruktur auf kleinstem Raum auszubilden. Jede einzelne Gehirnzelle kann auf Reize reagieren, sie ist zugleich durch ihre Zellverzweigungen Teil eines Netzwerks, das mit dem gesamten Gehirn über Rückkoppelung in Verbindung steht. Der Raum zwischen den Gehirnzellen ist durch andere fraktale Netzwerke besetzt, die durch Freisetzung von Sauerstoff, Nährstoffen und Hormonen die Reaktivität der Neuronen aufrechterhalten. Alles in allem erreicht das Gehirn durch fraktale Geometrie eine Flexibilität und Komplexität, die bis dato für die Mikrochip-Technologie unerreichbar ist.

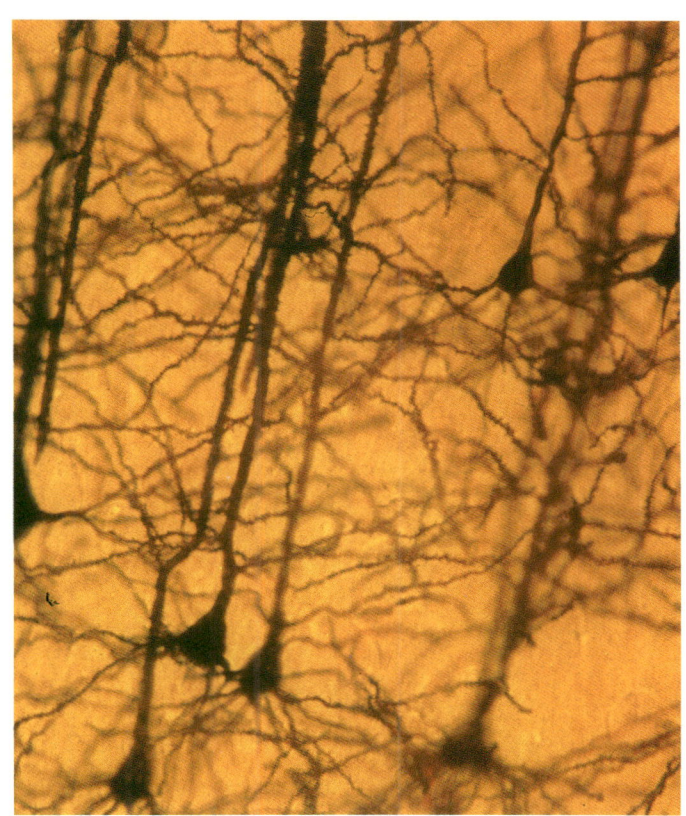

Im Innern dieser Schicht auf Schicht liegenden fraktalen Strukturen unseres Körpers laufen chaotische Prozesse ab. Die konventionelle Vorstellung, daß das Herz regelmäßig und periodisch schlage, wird in dem Augenblick erschüttert, in dem sich die Ärzte mit den Feinheiten des Elektrokardiogramms (EKG) ihrer Patienten befassen. Denn die Aufzeichnung des EKG eines normalen Herzrhythmus über längere Zeit weist zahlreiche kleinere Unregelmäßigkeiten in den Intervallen zwischen den Schlägen auf. Wenn man diese Intervalle mit einem besonderen graphischen Verfahren aufzeichnet, das Phasenraum-Darstellung genannt wird, statt in der sauberen Form, die den regelmäßigen, periodischen Rhythmus betont, so weist das sich ergebende Muster eine Struktur auf, wie sie für „seltsame Attraktoren" im Chaos charakteristisch ist (vgl. *Seltsame Attraktoren*). Die beiden Abbildungen zeigen die Phasenraum-Darstellung zweier normaler Herzrhythmen:

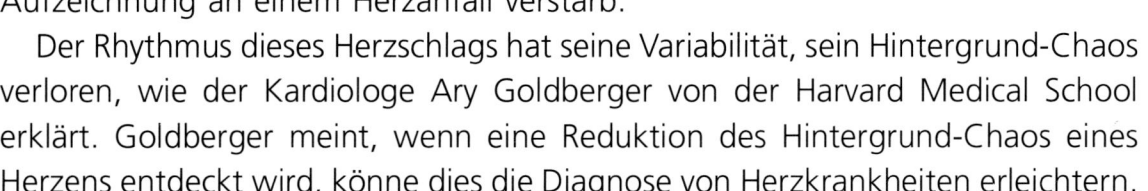

Jüngere Forschungen belegen, daß Chaos im Herzrhythmus normal ist. Im Gegensatz zur gängigen Ansicht weisen gerade kranke Herzen oftmals einen Rhythmus auf, der bei der Aufzeichnung sehr regelmäßig erscheint. Die nachstehende Abbildung zeigt den Herzrhythmus eines Patienten, der nur acht Tage nach dieser Aufzeichnung an einem Herzanfall verstarb:

Der Rhythmus dieses Herzschlags hat seine Variabilität, sein Hintergrund-Chaos verloren, wie der Kardiologe Ary Goldberger von der Harvard Medical School erklärt. Goldberger meint, wenn eine Reduktion des Hintergrund-Chaos eines Herzens entdeckt wird, könne dies die Diagnose von Herzkrankheiten erleichtern.

Den Forschern wird immer deutlicher bewußt, daß eine Beziehung zwischen Krankheiten und dem Verlust des „natürlichen" Hintergrund-Chaos im Körper besteht. Agnes Babyloyantz von der Freien Universität Brüssel meint, von außen betrachtet wirke beispielsweise ein epileptischer Anfall wie ein Angriff des Chaos; aus der Perspektive des Gehirninneren jedoch stelle er den Angriff einer abnormen periodischen Ordnung dar. Bei einem Anfall werde das natürliche Chaos des Gehirns zerstört und durch die Konvulsionen eines „Grenzzyklus" ersetzt. In ähnlicher Weise ist die Anzahl der weißen Blutkörperchen bei gesunden Menschen chaotischen Schwankungen unterworfen, während sie bei manchen Leukämie-Kranken zyklisch steigt und fällt. Die Forschung gibt uns auch Hinweise darauf,

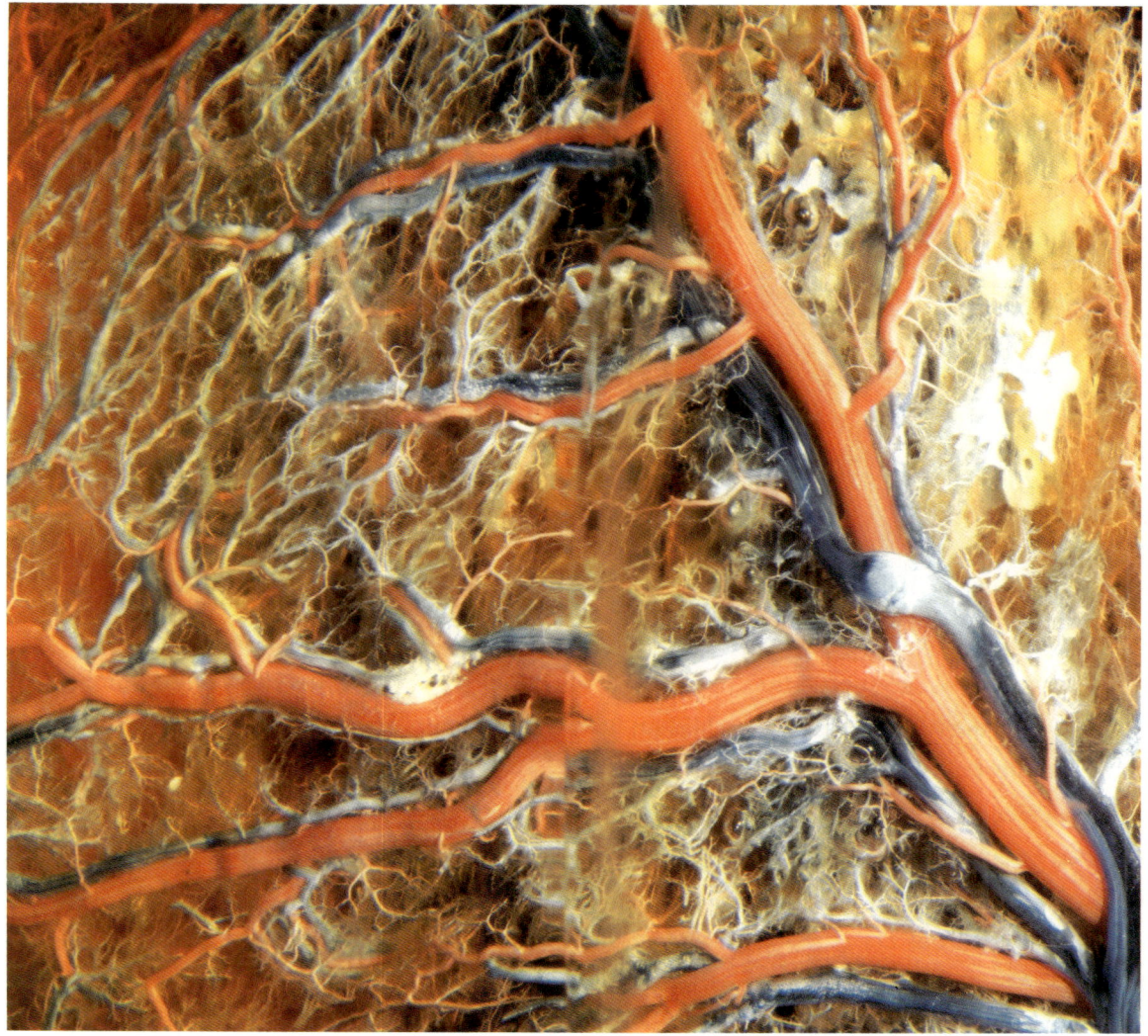

Die fraktale Geometrie des Kreislaufsystems erlaubt die Versorgung jeder Körperzelle mit Blut. Die Verzweigungsform der Blutgefäße wiederholt sich im Detail in immer kleinerem Maßstab, ein Charakteristikum von Fraktalen.

daß das Immunsystem bei der Produktion von Antikörpern ebenfalls chaotische Aktivitäten entfaltet. Goldberger glaubt, daß das bei der Parkinsonschen Krankheit auftretende Zittern aus dem Verlust des normalen Chaos im neurologischen System entsteht. Er hält es sogar für möglich, daß selbst der Alterungsprozeß aus einem „Verlust der physiologischen Veränderlichkeit" resultiert, aus „einer Abnahme [in] der Dimensionalität oder dem Ausmaß des Chaos".

Chaos im Körper wird teilweise durch die ständige Rückkoppelung verursacht, die sich daraus ergibt, daß die verschiedenen „Teile" dieser hochgradig komplexen Systeme aufeinander einwirken. Bei dieser Rückkoppelung kommt es zu zeitlichen Verzögerungen, die sich aufhäufen, so daß die Bewegung eines Systems ständigen, subtilen Verschiebungen unterworfen ist. Die Veränderlichkeit,

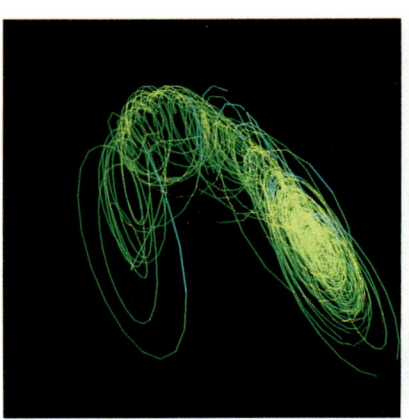

Nach Walter Freeman und seiner Kollegin Christine Skarda läuft in Gruppen von Hirnzellen ein sehr empfindlicher, kontrollierter Chaosprozeß ab. Gezeigt sind die Ergebnisse eines Computermodells über die Aktivität des menschlichen Bulbus olfactorius, dem Sitz des Geruchssinnes. Das Modell basiert auf Versuchen mit Kaninchen.

Gemäß den beiden Wissenschaftlern feuern die Gehirnzellen im Bulbus olfactorius ununterbrochen in einer chaotischen Weise. Ihre Gruppenaktivität ist im Bild links gezeigt. Die Darstellung macht deutlich, daß, obwohl das Reaktionsmuster jeder Einzelzelle völlig unvorhersagbar ist, die Aktivität der Zellgruppe auf einen bestimmten Bereich beschränkt ist. Diese chaotische Form der Aktivität bezeichnet man als „seltsamen Attraktor". Paradoxerweise entfaltet das Chaos in dem seltsamen Attraktor eine versteckte Ordnung, wenn der Geruchssinn erregt wird.

Werden die Rezeptoren der Nase durch Geruchsstoffe stimuliert, leiten sie ihre Erregung an den Bulbus olfactorius weiter. Dort wird sie durch das zugrundeliegende Chaos verstärkt, das plötzlich seine Form ändert und sich selbst organisiert, wie es rechts dargestellt ist. Diese spulenähnliche Struktur der Bulbus-Aktivität ist ebenfalls ein seltsamer Attraktor, jedoch mit größerer Ordnung. Freeman und seine Kollegen haben nachgewiesen, daß der Bulbus für jede Geruchswahrnehmung einen eigenen, selbstorganisierten seltsamen Attraktor besitzt. Diese Attraktoren lassen vermuten, daß unser „Gedächtnis" für Rosenduft eine implizite Ordnung innerhalb des Chaos der elektrischen Gehirnaktivitäten ist – nur darauf wartend, beim Vorbeischlendern an einem Blumenladen in Erscheinung zu treten. Durch Ausnutzung von Chaos steht den Systemen des Körpers eine Vielfalt von Reaktionsmöglichkeiten offen, die sie mit mechanischer, zyklischer Ordnung niemals erreichen könnten.

Seltsame Attraktoren wie diese sind fraktale Darstellungen chaotischer Aktivität und der machtvollen Ordnung im Chaos. Wissenschaftler beginnen zu entdecken, daß das Gehirn voll von seltsamen Attraktoren ist. Ein weiteres Beispiel ist in der Einleitung abgebildet.

die sich aus dieser nichtlinearen Rückkoppelung ergibt, verleiht Goldberger zufolge dem organischen System die „unverzichtbare Plastizität, um den Erfordernissen einer unvorhersagbaren und sich verändernden Umwelt gerecht zu werden". In einem Artikel im *Scientific American* erklären Goldberger und zwei seiner Kollegen, „einer allgemeinen Annahme in der Medizin zufolge sind Krankheit und Alter die Folge von Streß, dem ein ansonsten ordnungsgemäß funktionierendes maschinenähnliches System unterworfen ist – der Streß verringert also die Ordnung durch ungleichmäßige Reaktionen oder durch die Störung der normalen periodischen Rhythmen des Körpers". Statt dessen werde nun deutlich, daß „Unregelmäßigkeit und Unvorhersagbarkeit … wichtige Aspekte der Gesundheit sind".

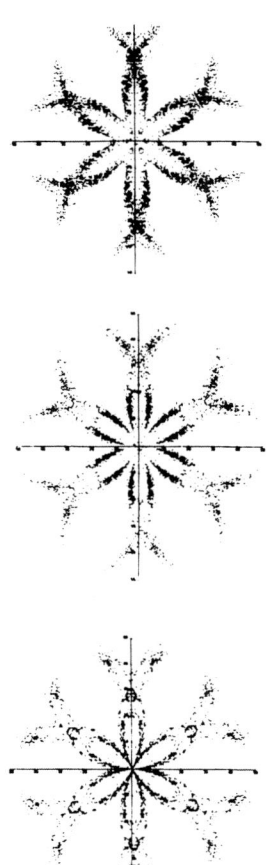

Die fraktale Beschaffenheit unseres Körpers kennzeichnet uns auch als Individuen: Die seltsamen Attraktoren der beiden „normalen" Herzrhythmen in den obigen Abbildungen sind sehr verschieden. Betrachten Sie nun die jeweils eigenen Sprechmuster von drei Sprechern bei der Aussprache des Vokals [u:] im englischen Wort „boot" (Stiefel). Clifford Pickover von IBM zeichnete diese Muster mit Hilfe einer Art von kaleidoskopischem Spiegel auf, damit ihre Ähnlichkeiten und Unterschiede besser zu erkennen sind.

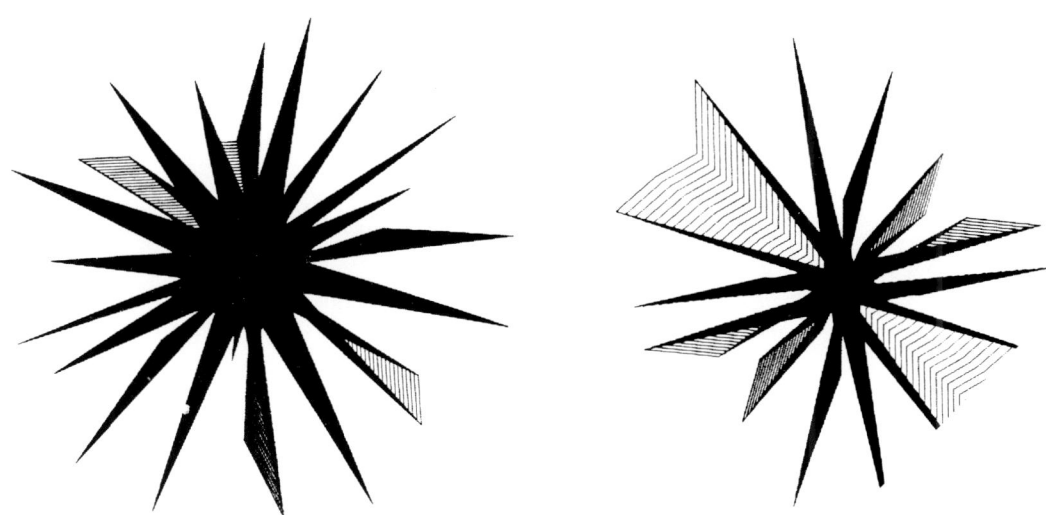

Pickover kann sich vorstellen, daß wir bereits in der nahen Zukunft Bilder unseres internen Chaos betrachten können. Er nennt dies „biometrische Kunst". Sie sehen hier Beispiele dieser Kunst, gebildet aus den Parametern, die das Blutgefäßmuster im rechten und im linken Auge Pickovers kennzeichnen. Er setzte die Parameter in eine mathematische Gleichung ein, die für die graphische Darstellung des Chaos verwendet wird. Auf Pickovers Computerbildschirm erzeugte

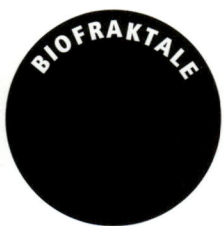

diese Gleichung Muster, die erkennen lassen, wie Regelmäßigkeit *und* Unregelmäßigkeit uns prägen.

Jeder menschliche Körper enthält eigene, einzigartige Anzeichen von Chaos.
Selbst in den Falten und Linien, die das menschliche Gesicht nach der Geburt
und im Alter aufweist, zeigen sich fraktale Strukturen.

DIE FALTENREICHE ORDNUNG DER TURBULENZ

Nach der Heftigkeit des Anpralls zu urteilen, mochte er von einer gewaltigen See herrühren, die sich hoch in die Luft erhoben hatte, um dann im Anschlagen gegen das Schiff sich zu überstürzen und von hoch oben darüber zusammenzubrechen. Ein fliegender Bruchteil von diesem Zusammensturz, ein bloßer Spritzer hüllte die beiden Männer vom Kopf bis zu den Füßen ein und füllte ihnen Ohren, Mund und Nase gewaltsam mit Salzwasser. Er verrenkte ihnen die Beine, zerrte an ihren Armen, schoß wie rasend unter ihrem Kinn vorbei, und als sie die Augen wieder zu öffnen vermochten, erblickten sie Wogen weißen Schaumes, die zwischen etwas brodelten, das den Trümmern eines Schiffes glich.

—JOSEPH CONRAD, *Taifun.*

Hitzeschlieren flimmern im Dunst über heißem Asphalt, Gewitterwolken ballen sich am Horizont zusammen, ein Ölteppich breitet sich aus, Zigarettenrauch kräuselt sich über dem Nebentisch, im Topf auf dem Herd brodelt Suppe: Turbulenzen begegnen uns überall.

Kunstmaler und Dichter bewundern schon seit langem die Feinheit und Kraft der Turbulenz: ein Bach, der den Steilhang herabstürzt, Blätter, die vom Wind aufgewirbelt werden, Wolken im Sonnenuntergang. Im Alltag verlassen wir uns darauf, daß die Turbulenz Regen für den Garten bringt oder wir uns am Klang einer Flöte erfreuen dürfen. Doch im Flugzeug oder auf hoher See fürchten wir uns auch vor ihrer Macht. Die Turbulenz ist das eigentliche Wesensmerkmal des Chaos. Wenn die alten chinesischen Maler die Schöpfung darstellen wollten, malten sie Drachen, die aus einem turbulenten Wirbelwind hervorkamen.

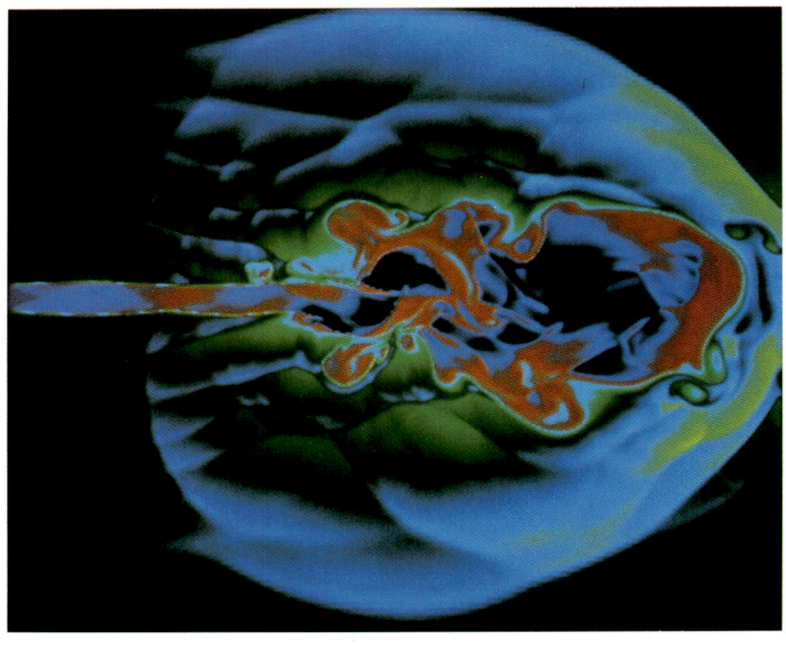

Der Astrophysiker Michael Norman nennt diese Darstellung der Turbulenz, die er auf seinem Supercomputer an der Universität Illinois erzeugte, „Galaktischer Gartenschlauch". Obgleich die verwendeten nichtlinearen Gleichungen relativ einfach sind, wird ihr Verhalten im Verlauf der Berechnungen so furchtbar komplex, daß es einiger Computerleistung bedarf, sie zu handhaben. Es handelt sich um das Modell einer Turbulenz, wie sie in den dichten Partikelströmen, die dem Inneren von Galaxien entweichen, zu finden ist. Einige dieser galaktischen Jetströme sind Millionen Lichtjahre lang. Der dargestellte Jet strömt aus der Galaxie und breitet sich beim Auftreffen auf dichtere Materie chaotisch aus, als spritzte man mit einem Gartenschlauch in einen Öltank. Die vergleichende Betrachtung der Modelle mit den astronomischen Gegebenheiten erlaubt den Wissenschaftlern, die Richtigkeit ihrer Thesen über Jets abzuschätzen.

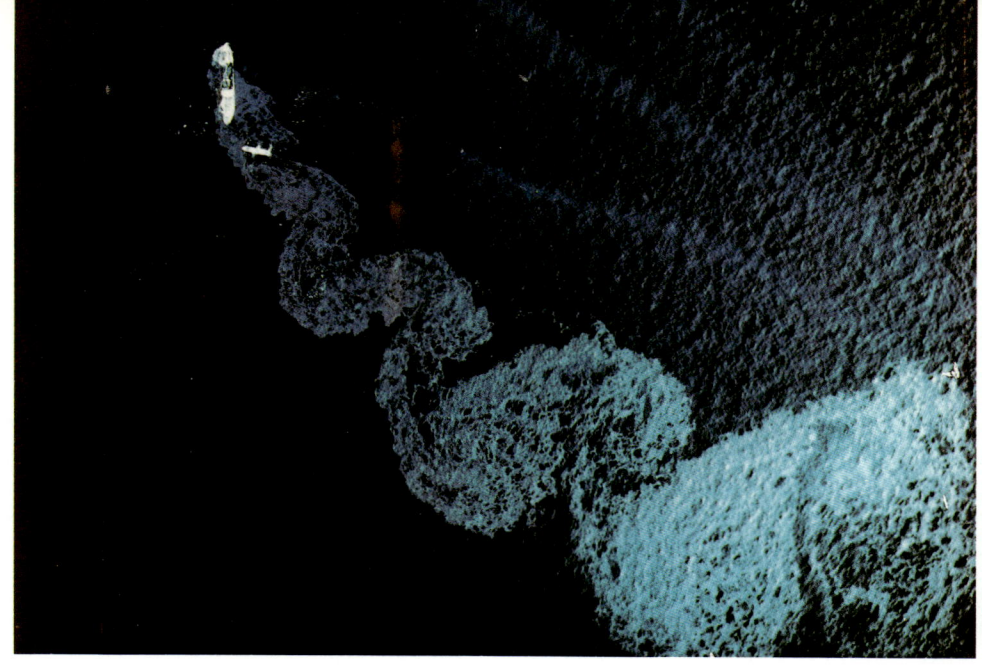

Öl läuft aus dem im Dezember 1976 auf Grund gelaufenen Tanker *Argo Merchant* in den Ozean. Zu diesem Zeitpunkt verlor das Schiff über 150 000 Liter Öl pro Stunde. Die ständige Turbulenz des Ozeans verteilt das Öl derartig schnell, daß es unmöglich ist, den Schaden zu begrenzen.

Über ein Jahrhundert lang gehörte die wissenschaftliche Erforschung der Turbulenz – also die Kenntnis der genauen Bedingungen ihrer Entstehung und ihrer Entwicklungsprozesse – zu den schwierigsten Problemen der klassischen Physik. Die Physiker wollen die Turbulenz analysieren, um sie vorherzusagen und zu beherrschen. Solche Kenntnisse würden es erleichtern, Brückenpfeiler zu entwerfen, die der Kraft der Wellen widerstehen können, Rohrleitungen zu bauen, die einen möglichst reibungsarmen Durchfluß ermöglichen, und Kunstherzen zu konstruieren, in denen das Blut nicht verklumpt. 1932 erklärte ein berühmter britischer Wissenschaftler bei einer Tagung der British Association for the Advancement of Science: „Ich bin jetzt ein alter Mann, und wenn ich sterbe und in den Himmel komme, wünsche ich mir Antworten auf zwei Fragen. Die eine Frage betrifft die Quantenelektrodynamik, die andere den turbulenten Bewegungszustand von Flüssigkeiten. Ich bin recht zuversichtlich, daß mir die erste Frage beantwortet werden wird."

Die Hauptprobleme der Quantenelektrodynamik sind in der Tat gelöst. Doch die klassischen, vor über einem Jahrhundert entwickelten Gleichungen zur Berechnung der Turbulenz von Gasen oder Flüssigkeiten überfordern noch heute die leistungsfähigsten Computer. Diese Gleichungen enthalten Terme, die das Verhältnis der Masse und Fließgeschwindigkeit einer Flüssigkeit zu ihrer Dichte ausdrücken, aber da die Formeln auch nichtlineare Terme enthalten, blähen sich die Gleichungen im Iterationsprozeß immer weiter auf. Die Werte verändern und verheddern sich, und kleine Fehler wachsen in der Berechnung so schnell an, daß die Ergebnisse unbrauchbar werden. Die Chaosforscher haben jedoch einen gewissen Fortschritt bei der Erforschung der Turbulenz erzielt, indem sie sich kopfüber in die Abgründe ihrer Unvorhersagbarkeit stürzten.

Die Unvorhersagbarkeit der Turbulenz ergibt sich aus der Tatsache, daß dynamische Systeme, die aus flüssigen oder gasförmigen Stoffen bestehen, hypersen-

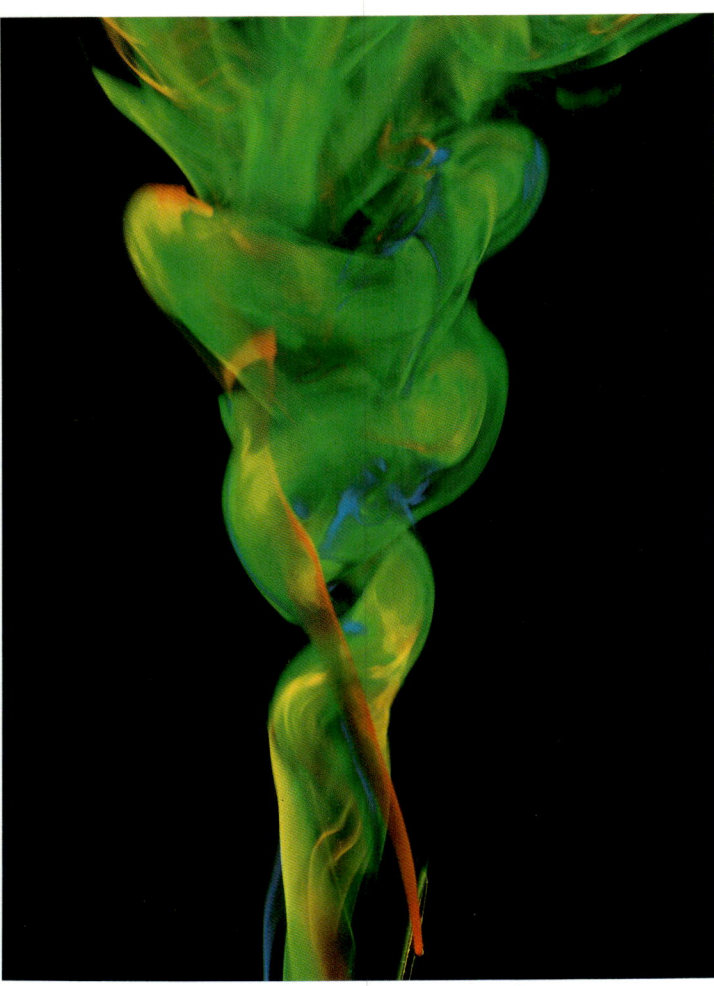

sibel sind. Ein fließendes System kann leicht auf sich selbst zurückwirken, und seine Rückwirkungen können schnell anwachsen – wobei sich Muster ergeben, die so unerwartet auftreten wie die Falten eines Papiers, das ein Mensch mit der Hand zerknüllt. Ein paar Eiskristalle auf der Tragfläche eines Düsenflugzeugs beispielsweise können einen Wirbel im Luftstrom erzeugen, der durch Rückkoppelung, Vervielfältigung und spiralenförmiges Wachstum eine Turbulenz hervorruft, die groß genug werden kann, um das Flugzeug zum Absturz zu bringen.

Ein weiterer Grund für die Schwierigkeiten bei der Analyse der Turbulenz ist die Tatsache, daß sie in vielen Größenordnungen zugleich auftritt. Ein kleiner Bildausschnitt eines Fotos, das einen sprudelnden Bach zeigt, weist Ähnlichkeit zum gesamten Bild auf. Es sind immer neue Verwirbelungen zu

Turbulenz ist die Folge eines holistischen Rückwirkungsprozesses, der das Verhalten einer Flüssigkeit oder eines Gases zunehmend kompliziert – hier an Aufnahmen im Windkanal des französischen Office National d'Étude de Recherches Aérospatiales dargestellt. Die Wirbel und Strudel des Gases oder der Flüssigkeit sind fraktal.

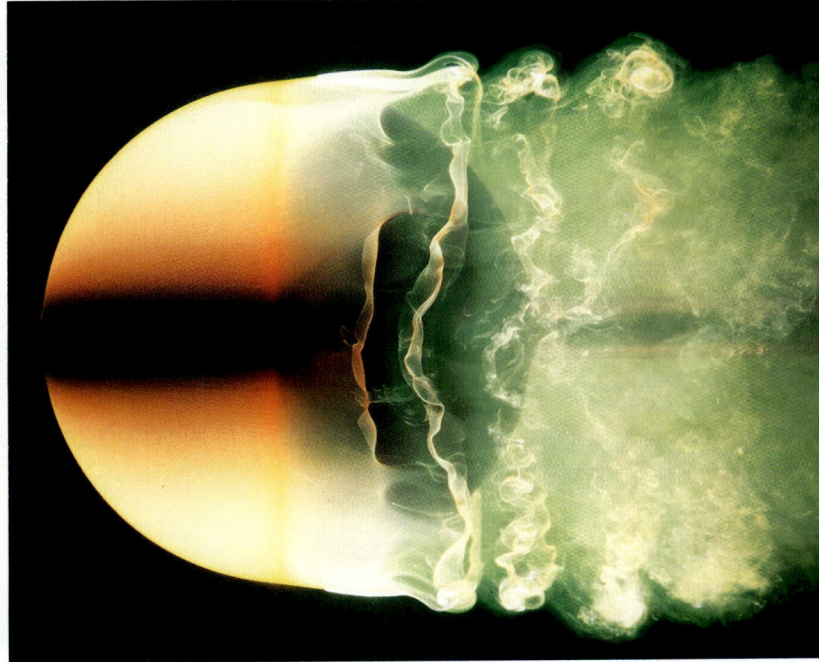

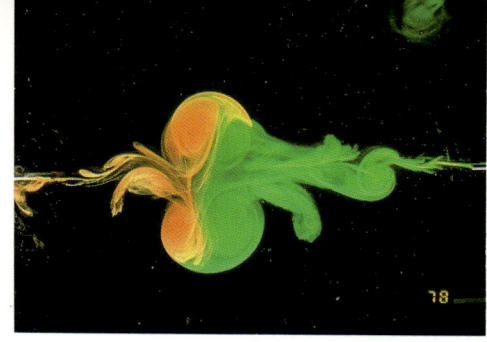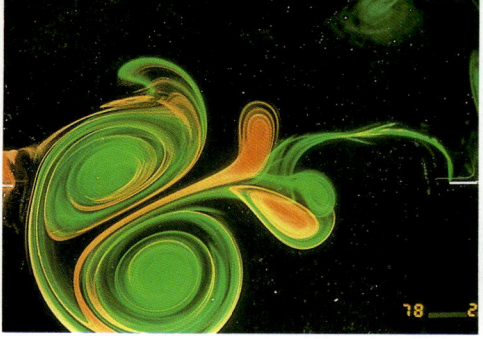

Das Tanzen der Turbulenz in diesen vier Bildern gehört zu den paradoxen Erscheinungen des Chaos. Um die Turbulenz in den Griff zu bekommen, haben Laboratorien weltweit Methoden entwickelt, um sie unter kontrollierten Bedingungen zu untersuchen. Wissenschaftler am Institut für Meteorologie und Ozeanographie der Universität Utrecht in den Niederlanden spritzten zwei gefärbte Flüssigkeiten in Salzwasser und nahmen das Zusammenfließen und die Selbstorganisation zu einem Doppelwirbel auf. Unordnung hat sich augenblicklich in Ordnung verwandelt – eine Ordnung, die im Grunde unvorhersagbar ist.

sehen. Gleichzeitig ist Turbulenz, wie jede andere Form des Chaos auch, ein Paradoxon: Inmitten der ungeordneten Bewegung können Strudel auftreten und stabil bleiben, während die ungeordnete Strömung um sie herum weiterbrodelt.

Als die Wissenschaftler die Ansätze der Chaostheorie auf die Turbulenz anwandten, entdeckten sie die Prinzipien, die den Übergang von der gleichförmigen zur wilden Fließbewegung beherrschen. Sie beginnen nun zu verstehen, wie der Vielfach-Rückkoppelungs-Prozeß abläuft. Die Chaosforscher stützen sich dabei auf nichtlineare Gleichungen, die einfacher sind als die klassischen Gleichungen, die im vergangenen Jahrhundert entwickelt wurden. Auf dieser Grundlage können sie realistische Computergraphiken turbulenter Strömungen herstellen. Die Bilder werden in dem Maße immer detaillierter, wie die Computer leistungsfähiger werden; das Wesen des Chaos läßt es dennoch unwahrscheinlich erscheinen, daß das Rätsel der Turbulenz jemals so weitgehend gelöst wird, daß detaillierte Vorhersagen möglich werden.

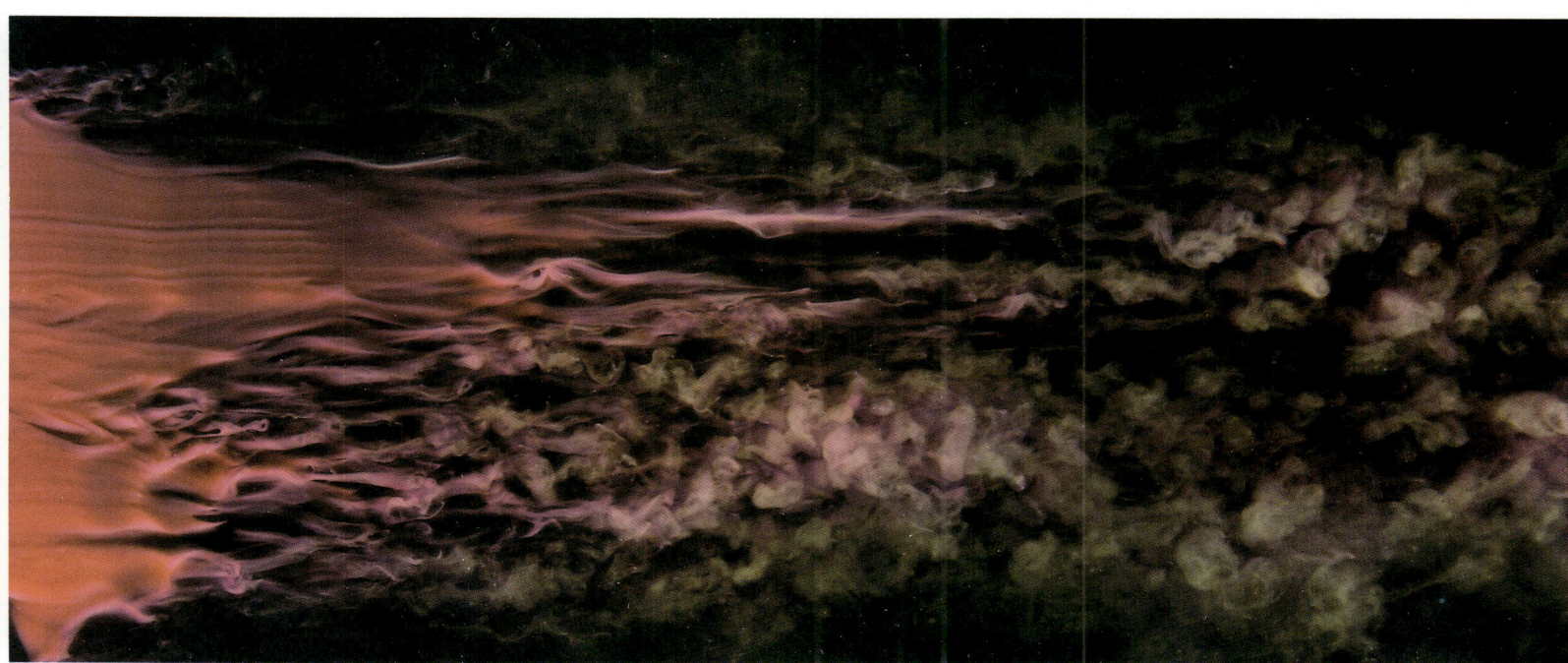

Einer der Gründe, warum Turbulenz Künstler fasziniert, liegt in ihrer Subtilität, die feine Änderungen in unserer Psyche, unseren Stimmungen widerspiegeln kann. Lawrence Hudetz fing hier turbulente Ereignisse am McCord Creek in Oregon ein. Einer der vielen Künstler, die über die Jahrhunderte hinweg von den Mysterien der Turbulenz besessen waren, war Leonardo da Vinci. Für ihn hatte die Turbulenz etwas Apokalyptisches; er glaubte, daß die Welt von einer großen Sintflut verschlungen werden würde.

SELTSAME ATTRAKTOREN: DIE VERANSCHAULICHUNG DES CHAOS

Ich habe noch nicht vom ästhetischen Reiz seltsamer Attraktoren gesprochen. Diese Kurvensysteme, diese Punktewolken erinnern manchmal an Feuerwerke und Galaxien, dann wieder an seltsame, beunruhigende Pflanzenwucherungen. Hier liegt ein ganzes Reich, das es zu erforschen, und Harmonien, die es zu entdecken gilt.

—David Ruelle, einer der führenden Experten für Chaos und dynamische Systeme.

Wissenschaftler lieben die graphische Darstellung von Sachverhalten. Diese Leidenschaft begann möglicherweise schon mit dem großen französischen Wissenschaftler René Descartes und seinem Nachfolger, dem Briten Isaac Newton. Descartes und Newton breiteten gewissermaßen ein Raster über das Universum und bewiesen, daß alle Dinge, die sich bewegen, gemessen und mit Hilfe von Koordinaten genau bestimmt werden können. Seither bemühen sich die Wissenschaftler, die Dinge bildlich darzustellen.

Für die graphische Veranschaulichung der Bewegung klassischer dynamischer Systeme – jener „braven", meß- und berechenbaren Systeme – wählten die Forscher von Anfang an häufig eine gleichmäßige Form, die Torus genannt wird. In der dreidimensionalen Form (Tori kann es in vielen Dimensionen geben) gleicht der Torus einem wohlgeformten Schmalzkringel.

Die Wissenschaftler entdeckten, daß sie bei der graphischen Darstellung klassischer dynamischer Systeme – wie zum Beispiel der Planeten in ihren Umlaufbahnen oder der Schwingungen elektrischer Schaltungen – imaginäre Drähte über die Oberfläche eines imaginären Torus spannen konnten, um so das ordentliche Funktionieren dieser braven Systeme anzudeuten. So kann beispielsweise die geordnete Bewegung eines Planeten in der Umlaufbahn durch eine Linie auf der Oberfläche eines Torus dargestellt werden, wobei der Weg unverändert bleibt, jedoch bei jedem Umlauf leicht verschoben wird.

Doch dann kamen die Chaosforscher und wollten dynamische Systeme in einem weniger geordneten Zustand untersuchen: Sie wollten sie messen, während sie zusammenbrachen, auseinanderfielen, unvorhersagbar fluktuierten und sich veränderten. Die Tori, die die Chaosforscher für ihre Systeme entwarfen, waren seltsame Gebilde – verdrehte, faltige Schmalzkringel mit eigenartigen inneren Ausformungen. Sehen wir uns ein Beispiel an.

Eines der untersuchten chaotischen dynamischen Systeme betraf die eigenartigerweise leeren Umlaufbahnen im Asteroidengürtel zwischen Jupiter und Mars. Andrej Kolmogoroff, ein sowjetischer Wissenschaftler, erbrachte den Beweis für ein Theorem, demzufolge in diesen Umlaufbahnen Chaos auftritt. Die chaotischen Bedingungen sind das Ergebnis der Friktionen und Resonanzen, die durch das Zusammenwirken der Bewegungen von Jupiter, Sonne und Mars entstehen. Stellen Sie sich die unruhige Wasseroberfläche vor, die entsteht, wenn sich große Schiffe und Motorboote begegnen und die von ihnen verursachten Wellen aufeinandertreffen. Wenn Sie sich mit Ihrem Ruderboot an einer der Stellen befänden, an denen die Wellen kollidieren, bekämen Sie das Chaos zu spüren. Die mathematischen Terme des Kolmogoroff-Theorems lassen sich als Torus graphisch darstellen. Wenn Sie diesen Torus aufschneiden, zeigt sich das Bild des unruhigen

Durcheinanders, das sich einstellt, wenn mehrere gegenläufige Planetenbewegungen berücksichtigt werden.

Im Englischen lautet die technische Bezeichnung dieses Torus, des Kolmogoroff-Attraktors, *Vague Attractor of Kolmogorov*, oder kurz VAK. Die englische Abkürzung ist treffend, denn Vak ist der Name der Schwingungsgöttin im Rigveda, einem heiligen altindischen Text. Der VAK-Torus zeigt, daß die chaotischen Umlaufbahnen der Asteroiden in der Hauptsache wabernde und torkelnde, aber auch einige regelmäßige Bewegungen aufweisen – die in der Abbildung durch die sich um den Torus windenden roten Pfeile angedeutet werden. Ein Brocken Materie, der das Pech hat, in diese verhexte, höllische Zone zu geraten, würde wie betrunken herumtorkeln und schließlich ausgestoßen werden. Der Kolmogoroff-Attraktor ist der erste in unserer Galerie der seltsamen Attraktoren. Der Ausdruck „seltsamer Attraktor" ist Ergebnis eines Anflugs von wissen-

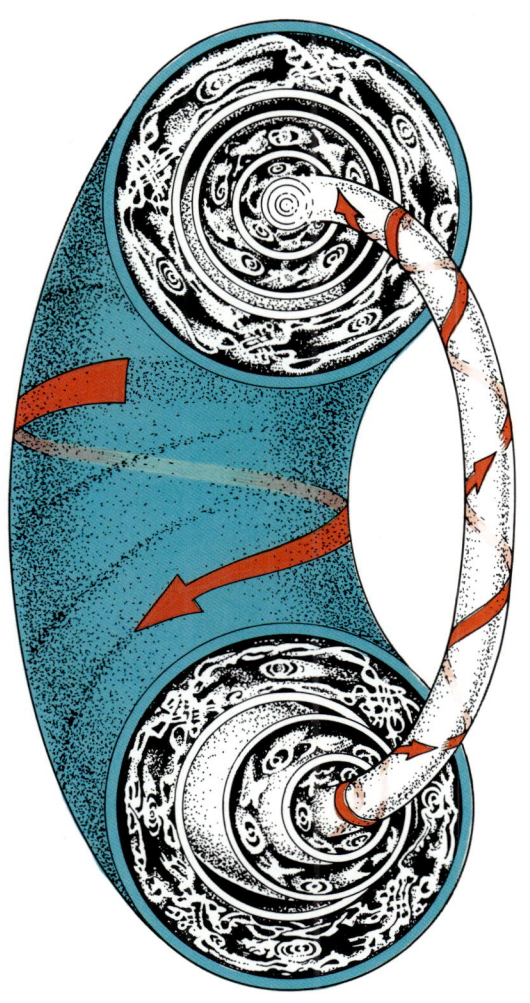

schaftlichem Humor. Klassische, „reguläre" Systeme wie die Umlaufbahnen des Mars oder des Jupiter lassen sich als glatte und regelmäßig wirkende Formen graphisch darstellen, also zum Beispiel als Torus. Die Forscher sagen, die Bewegungen dieser klassischen Systeme würden von jenen ordentlich wirkenden Formen „angezogen" (engl. attract), die abstrakte Darstellungen ihres ordentlichen Verhaltens sind. Doch die Bewegungen chaotischer Systeme scheinen von seltsamen Formen wie dem unordentlichen Zustand im Inneren des Kolmogoroff-Attraktors angezogen zu werden. Einer der wirklich seltsamen Aspekte der seltsamen Attraktoren besteht darin, daß sie eine vorhersagbare, allgemeingültige Grundform besitzen, diese Form aber aus unvorhersagbaren Einzelteilen besteht.

Einen seltsamen Attraktor, der die Aktivität des Systems wiedergibt, können die Wissenschaftler graphisch darstellen. Sie benutzen dabei Gleichungen, um einer oder mehreren Variablen eines chaotischen Systems in seinen bzw. ihren Veränderungen und Bewegungen zu folgen. Sie können Bilder von seltsamen Attraktoren hervorbringen, indem sie die Gleichungen zu einer Lösung führen, die Lösung dann wieder in die Gleichung einsetzen und erneut durchrechnen.

Dieser Rechenprozeß ahmt gewissermaßen die sich beschleunigende und verstärkende Rückkoppelung nach, die in wirklichen chaotischen Systemen abläuft – der Faktor, der diese Systeme dazu bringt, sich ständig zu verändern. Denken Sie an das Wetter oder an einen Gebirgsfluß. Der Holismus des Systems (also die Tatsache, daß jede Bewegung in dem System in irgendeiner Weise jede andere Bewegung beeinflußt) ist für sein Chaos (seine Unvorhersagbarkeit) verantwortlich. Zwar verändert sich das Wetter ständig, doch bleibt es stets im Rahmen des Allgemeinzustandes, den wir Klima nennen. In gleicher Weise bleibt auch der Gebirgsfluß stets im Bereich seiner Ufer. Doch auch seltsame Attraktoren können erschüttert werden und ihre grundlegende Form verändern, wenn das System hinreichend gestört wird – wie schwere Regenfälle einen Fluß über die Ufer treten lassen. Die Klimatologen machen sich gegenwärtig Sorgen darüber, daß sich der seltsame Attraktor des Wetters (das Klima) eines Tages als Folge der industriellen, von den Menschen verursachten Störungen verändern könnte.

Wenn man von solchen weltbewegenden Metamorphosen einmal absieht, entfaltet sich ein chaotisches System im Rückkoppelungsprozeß mit jeder Iteration in eine neue Region des Raumes innerhalb der wie verheddert wirkenden Umrisse seines seltsamen Attraktors. Auch die Grenzen des Attraktors werden ständig neu gezogen und gestalten sich immer komplizierter, während die Iterationen spiralförmig in neue Dimensionen streben. Hier sehen Sie ein weiteres Bild eines seltsamen Attraktors.

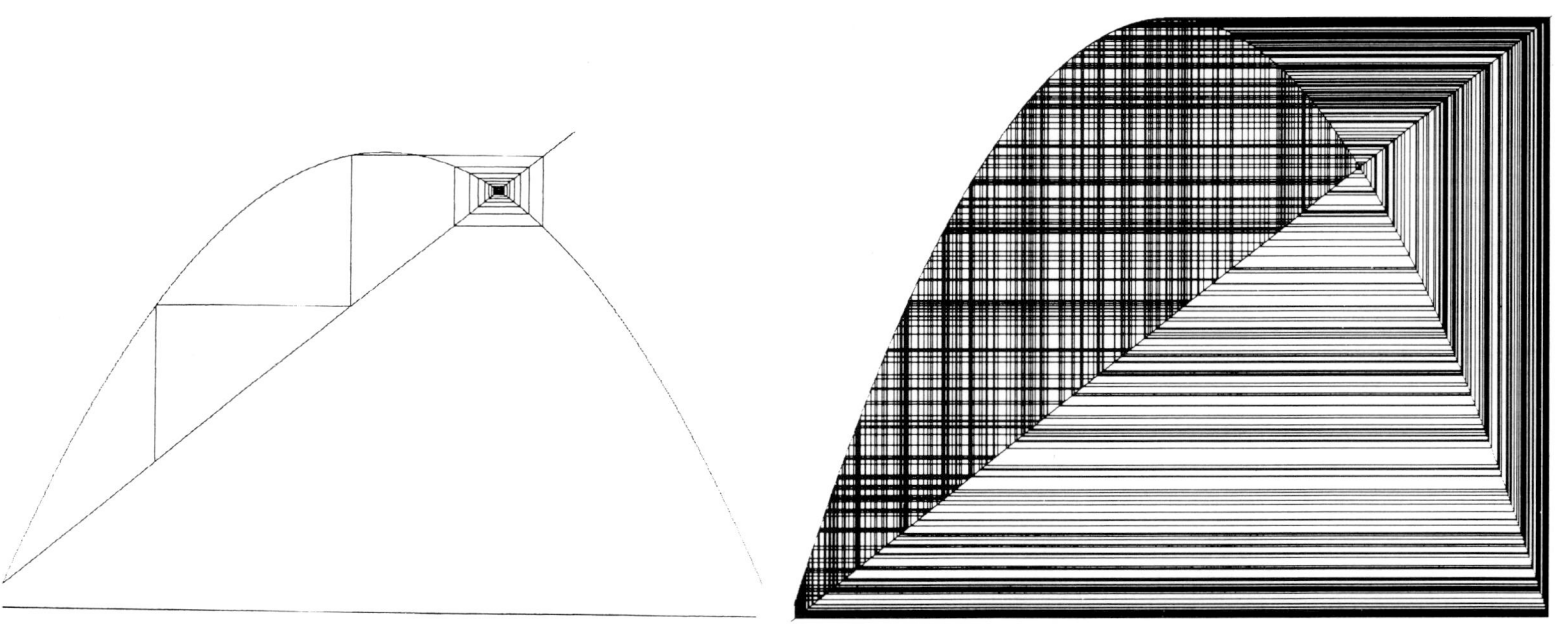

Der Attraktor wird als „Spinnennetz-Diagramm" bezeichnet. Auch wenn Sie diese Formation nicht kennen, erkennen Sie doch, daß dies ein Bild des Chaos ist.

Vulkanausbrüche wie dieser auf den Philippinen werden von Beben begleitet, deren graphische Darstellungen einen seltsamen Attraktor erkennen lassen. In diesem Fall handelt es sich um den Rössler-Attraktor. Merkwürdigerweise steht der Rössler-Attraktor nicht nur in Zusammenhang mit vulkanischen Beben, sondern auch mit einem völlig anderen dynamischen System, etwa den graphischen Darstellungen der chemischen Belusow-Zhabotinsky-Reaktion. Die chaotische Verknüpfung der chemischen Reaktionspartner läßt hier hochstrukturierte, spiralähnliche Formen entstehen (vgl. Selbstorganisation). Mit anderen Worten, der Rössler-Attraktor steht für den Übergang von Ordnung zu Chaos, wie auch für den Übergang von Chaos zu Ordnung.

Der seltsame Rössler-Attraktor.

Dieser phantasievolle Torus, von Cliff Pickover bei IBM erzeugt, könnte ein einfaches, „klassisches" dynamisches System darstellen.

Ein Schnitt durch einen Teil eines chaotischen Torus, der unter dem Namen Ueda-Attraktor bekannt ist. Der Torus stellt sich als ein wiederholt in sich gefaltetes System dar, so wie ein Kuchenteig, unter den farbige Zutaten gerührt werden. Wissenschaftler stoßen auf den Ueda-Attraktor bei der graphischen Darstellung von Gleichungen, die dynamische Systeme beschreiben, wie Oszillationen elektromagnetischer Felder in ringförmigen, geschlossenen Systemen oder Schwankungen in bestimmten Räuber-Beute-Populationen. Das System hält sich bevorzugt im golden dargestellten Bereich und seltener in der roten Region auf. Vergrößert man einen kleinen Ausschnitt innerhalb des seltsamen Attraktors, so wiederholen sich die Strukturen der Gesamtdarstellung. Aufgrund ihrer selbstähnlichen räumlichen Strukturierung sind seltsame Attraktoren fraktal. Sie spiegeln das chaotische, dynamische System, das sie beschreiben, wider. Es wird behauptet, daß die Ähnlichkeit des Ueda-Attraktors mit dem alten Yin-Yang-Symbol für Wandel rein zufällig ist.

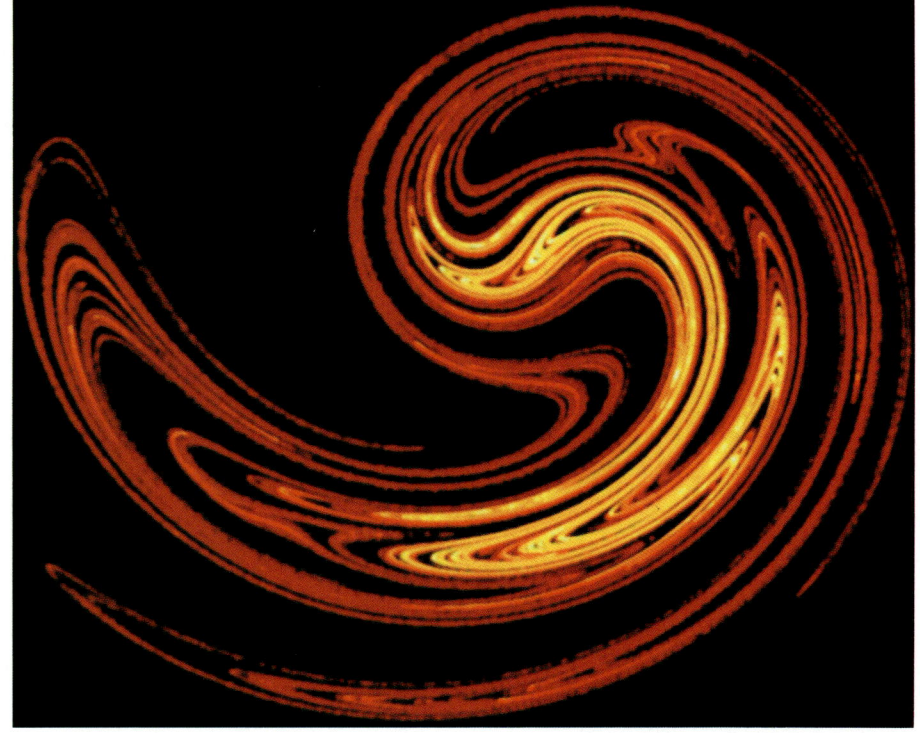

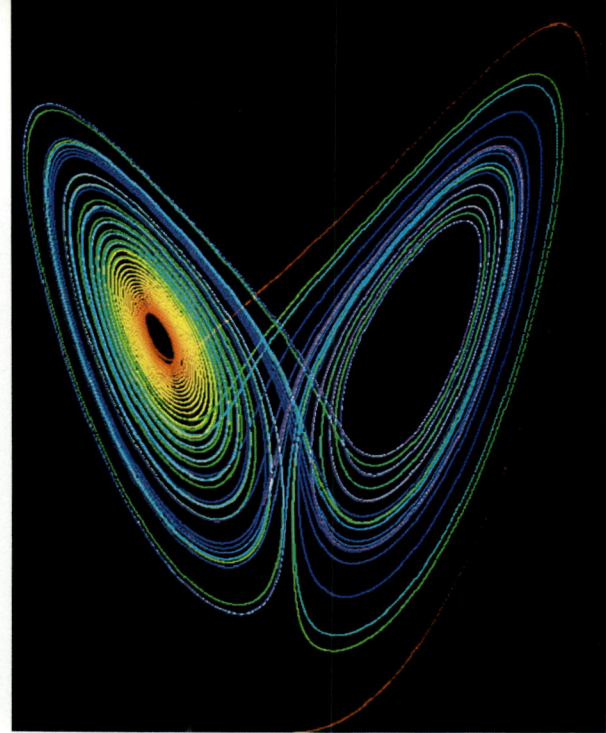

Diese Schmetterlingsmaske der Unvorhersagbarkeit, ein erster Blick in das Chaos, wurde von einem der frühesten Chaosforscher, Edward Lorenz, Anfang der sechziger Jahre entdeckt. Als Lorenz einige Variable, die Veränderungen eines Wettersystems beschreiben, berechnete, entdeckte er, daß bereits winzige Unterschiede in den täglichen Wetterwerten, auf die er sein Modell aufbaute, stark voneinander abweichende Langzeitprognosen nach sich ziehen. Somit wird ein Meteorologe, der zwei Wetterprognosen aus ähnlichen, aber nicht identischen Anfangswerten berechnet, zwei gänzlich unterschiedliche Langzeitvorhersagen entwerfen. Indem Lorenz die Gleichung seines Modells für eine Abbildung iterierte, produzierte er diesen seltsamen Attraktor, der ein fraktales Porträt der Unvorhersagbarkeit des Wetters ist. Die ständige Wechselwirkung zwischen den Variablen wie Temperatur und Druck wird durch die Falte zwischen den beiden „Augen" des Attraktors angezeigt. Die periodischen Kreise um die „Augenhöhlen" veranschaulichen, daß das Wetter unvorhersagbar, aber selbstähnlich ist: Hoch- und Tiefdruckgradienten, Temperaturänderungen und andere Faktoren existieren auf allen Ebenen, in globalen Wettersystemen wie in lokalen Erscheinungen zwischen der Vorder- und Rückseite eines Hauses. Seltsame Attraktoren wie dieser beschreiben ein System, dessen Verhalten sich nie wiederholt, immer unvorhersagbar und dennoch, paradoxerweise, immer sich selbst ähnlich und wiedererkennbar ist.

Die Chaosforscher haben die verschiedensten Arten wunderbarer seltsamer Attraktoren entdeckt: Bildnisse der Ordnung im Chaos. Forscher bei IBM fanden einen neuen Attraktor, als sie die Aktivität zweier Barium-Ionen graphisch darstellten, die in eine elektronische „Falle" geraten waren. Durch Veränderungen der Energie, die sie beim Einfangen der Ionen einsetzten, konnten sie beobachten, wie dieses relativ „einfache" System eine erhebliche Bandbreite von Verhaltensformen entwickelte. Bei einer bestimmten Frequenz konnte das System die Ionen „kristallisieren" oder „einfrieren", so daß sie gewissermaßen reglos nebeneinander schwebten. Bei höheren Frequenzen prallten sie ziellos gegen die Energiewände der Falle. Mitten in diesem Chaos konnte schon eine geringe Veränderung der Frequenz bewirken, daß sie oszillierten oder in geordnetem Bewegungsablauf tanzten, in „Phasenkoppelung", wie die Wissenschaftler diesen Zustand bezeichnen. Der seltsame Attraktor, der hier abgebildet ist, stellt einen Querschnitt durch einen chaotischen Torus dar.

Dieses Spinnwebfetzen gleichende Stück abstrakter Kunst nennt man ein Periodenverdoppe-
lungsdiagramm oder eine logistische Karte. Es bietet ein weiteres Bild eines seltsamen Attraktors. Bei diesem Modell eines dynamischen Systems könnte es sich um Warenpreise oder um
eine Population des Großen Schwammspinners handeln. Lesen wir von links nach rechts, sehen
wir, wie sich das System auffächert.

Wird eine Variable, z.B. die Anzahl der Bäume, von denen sich die Raupen des Spinners ernähren, erhöht, vermehrt sich die Raupenpopulation und hinterläßt eine große Anzahl Eier für das
nächste Jahr. Im kommenden Jahr bewirkt aber dann die Überbevölkerung und damit die Er-
schöpfung der Nahrungsquellen eine Verminderung der Population in der darauffolgenden Sai-
son. Die Population schwankt zwischen zwei Werten - einem hohen in einem Jahr und einem
niedrigen im darauffolgenden Jahr. Hebt man das Nahrungsangebot weiter an, wird sich die
Population auf einen Vierjahreszyklus einspielen, bei einer weiteren Steigerung des Nahrungs-
angebots auf einen Achtjahreszyklus; und so weiter. Setzt man die verfügbare Nahrung hoch
genug an, so wird die Populationsentwicklung chaotisch und eine jährliche Bestimmung der
Populationsgröße wird unmöglich.

Für solche empfindlichen Systeme haben Wissenschaftler Gesetze (in Form von Verhältnissen)
entdeckt, die den Übergang von dem Zwei- in den Vier- und Achtjahresrhythmus und in das
Chaos kontrollieren. Die Abbildung der Periodenverdoppelung zeigt, wenn mehr Energie in

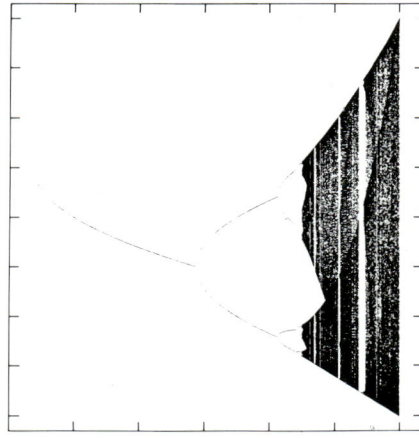

chaotische, dynamische Systeme hineingesteckt wird, falten sie sich wiederholt in sich zurück, werden zunehmend kompliziert und immer verwickelter. Das zeigt die fraktale Natur dieser Systeme.

Man beachte die beiden dunklen Linien in dem Diagramm. Inmitten des sich ausbreitenden Chaos stellen sie Fenster oder Bereiche dar, in denen kurzzeitig, d.h. für einige Jahre, die Population offensichtlich periodisch steigt und fällt. Aber dann löst sich das Muster wieder in Chaos auf. Innerhalb dieser Fenster fallen kleine Abbildungen ins Auge: Sie sind Beispiele der Selbstähnlichkeit des chaotischen Systems. In der Mitte des kleinen Fensters der Ordnung entwickelt sich eine winzige Periodenverdoppelung in Richtung Chaos. Die Effekte dieser Selbstähnlichkeit in kleinem Maßstab sind, bezogen auf das Beispiel mit den Schwammspinnern, zu fein für einen Nachweis.

Das hier farbig gezeigte Diagramm der Periodenverdoppelung ist ein Ausschnitt aus dem Periodenverdoppelungsweg und wurde wegen ihres ästhetischen Anspruchs ausgewählt. Für Klaus Ottmann, einen Kunstkurator, der 1989 die erste Ausstellung von Malereien, Skulpturen und Computergraphiken über Chaos in Nordamerika organisierte, offenbarte eine Darstellung wie diese die künstlerischen Möglichkeiten, die Fraktale und Chaos bieten.

Der sechseckige Bezirk um das schwarze Zentrum markiert das Gebiet in der Nähe der Frequenz, bei der sich die Ionen zur „Phasenkoppelung" organisieren. Die spiralförmigen Arme kennzeichnen die Frequenzen, bei denen sich die Ionenaktivität zum Chaos hin entwickelt.

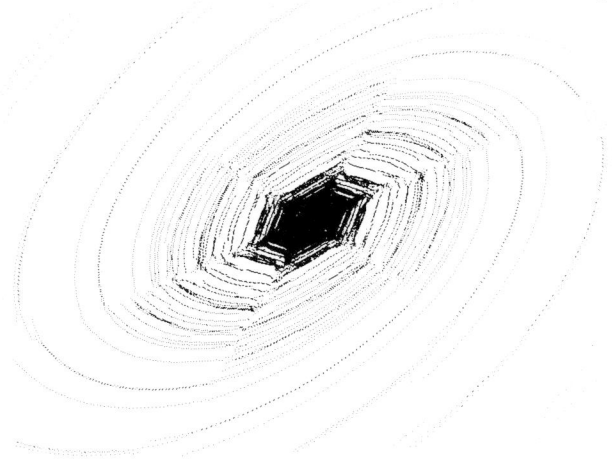

Die Wissenschaftler arbeiten zunehmend in einem fremdartigen Raum, den sich Newton und Descartes niemals hätten vorstellen können.

ABSTRAKTE KUNST AUS FRAKTALER MATHEMATIK

Drachen kämpfen auf dem Feld.
Ihr Blut ist schwarz und gelb.

–Bild aus dem *I-ching*, dem chinesischen
Buch der Wandlungen, in dem
Drachen, die Symbole der Ordnung,
in einen Streit geraten, der im Chaos endet.

Bertrand Russell, der große Mathematiker, Philosoph und Logiker, stellte im Jahre 1918 fest, daß die „Mathematik bei richtiger Betrachtung nicht nur Wahrheit, sondern auch höchste Schönheit besitzt – die kalte und strenge Schönheit einer Skulptur". Man fragt sich, was Russell zu den skulpturähnlichen Formen der von Computern erzeugten Fraktale sagen würde. Die Kunst, die aus fraktalen Gleichungen gemacht wird, ist schön, aber kaum „kalt und streng". Ihre Muster sind ein prasselndes Feuerwerk aus Farben und detaillierten Formen. Zu Russells Zeit mußte man Mathematiker sein, um die Skulpturähnlichkeit der Mathematik „sehen" zu können. Dank der Fraktalgeometrie können heute selbst Menschen, die sich vor Gleichungen fürchten, konkret jene „höchste Schönheit" wahrnehmen.

Die unheimlichen, karnevalesken Geschöpfe der fraktalen Mathematik dienen überall auf der Welt als Umschlagillustrationen wissenschaftlicher Bücher. Die Bilder sind computergenerierte Darstellungen von Gleichungen, die alle das Charakteristikum der Iteration aufweisen, einer mathematischen Form der Rückkoppelung. In eine Seite einer fraktalen Gleichung wird eine Zahl eingesetzt und das Ergebnis errechnet. Dieses Ergebnis wird wieder in die Gleichung eingegeben. Der Rechenprozeß wird erneut durchgeführt und das neue Ergebnis noch einmal iteriert (erneut eingesetzt). Manche Zahlen, die als Anfangsbedingungen gewählt wurden, „explodieren" gewissermaßen in die Unendlichkeit, wenn sie in einen iterativen Zyklus einer Gleichung eingegeben werden; andere Zahlen fluktuieren, und wieder andere verändern sich kaum. Gleichungen, die bei der Iteration plötzliches, unvorhersagbares Verhalten zeigen, werden als *nichtlinear* bezeichnet.

Nichtlineare Gleichungen sind in einigen Wertbereichen extrem empfindlich, und diese Wertbereiche markieren die Grenzregion zwischen Ordnung und Chaos. Stellt man nun die Werte dieser Grenzregion auf dem Bildschirm eines Computers farbig dar, dann – schwupp! – zeigt uns die dynamische Aktivität der Gleichung diese Region als funkelndes Fraktal. Manche fraktalen Gleichungen wurden erfunden, um natürliche chaotische Systeme zu simulieren; andere dienten dem Zweck, das Chaos zu erforschen, das in der Mathematik verborgen liegt.

Viele Wissenschaftler fühlen sich an uralte Kunstwerke erinnert, wenn sie ihre fraktalen Gleichungen auf dem Bildschirm graphisch darstellen. Ein Grund dafür mag darin liegen, daß dynamische Systeme – also Systeme, die ständigen Veränderungen unterworfen sind, weil viele ihrer „Teile" ständig miteinander rückgekoppelt werden – insofern holistisch sind, als alles in diesen Systemen alles andere beeinflußt. Sowohl dynamische Systeme als auch mathematische Fraktale weisen in der Hinsicht Selbstähnlichkeit auf, daß ihre sehr unterschiedlich großen „Teile" einander auf subtile Weise reflektieren. Selbstähnlichkeit und der darin enthaltene Holismus sind zwei wesentliche Erkenntnisse traditioneller Ästhetik, und aufgrund dieser Erkenntnisse konnten die Künstler Werke hervorbringen, die das kosmische Mysterium spiegelten, nachahmten oder metaphorisch umschrieben.

Annäherungen der Wissenschaft an die Kunst finden sich auch in den Reflexionen von drei Forschern, die auf unterschiedliche Weise Bilder fraktaler Gleichungen auf ihren Computern hervorbringen.

Scott Burns, Professor für Maschinenbau an der Universität Illinois erforscht ein eigenartiges Gebilde fraktaler Mathematik, das als Newtonsches Näherungsverfahren bezeichnet wird. Es wurde von Isaac Newton entwickelt und nach ihm benannt; mit Hilfe dieses Verfahrens kann die Wurzel eines Polynoms (also einer Gleichung mit mehreren Termen) schneller gefunden werden. Der Mathematiker geht von einer Annahme des Wurzelwertes aus, setzt diesen angenommenen Wert in die Gleichung ein und berechnet eine Reihe von Iterationen. Bei jeder Iterationsschleife verändert sich der Ausgangswert und nähert sich immer mehr einer bestimmten Lösung (er „konvergiert" auf die Lösung zu), die eine der Wurzeln des Polynoms ist.

Liegt jedoch der angenommene Ausgangswert in der Grenzregion *zwischen* den Wurzeln des Polynoms, endet das Newtonsche Näherungsverfahren im Chaos. Burns erzeugt ein fraktales Bild, indem er die verschiedenen angenommenen Ausgangswerte graphisch darstellt. Dabei weist er ihnen bestimmte Farben zu, je nachdem, ob sie sich bei der Iteration der Lösung nähern, in die Unendlichkeit fallen oder in der besagten Grenzregion liegen.

Ingenieure benutzen das Newtonsche Verfahren beispielsweise bei der Bestimmung der Balkenstärke in einer Konstruktion, die aus zwei Trägerbalken und einem darauf ruhenden Querbalken besteht. Ein technischer Entwurf ist dann als optimal zu bezeichnen, wenn er das Material bestmöglich nutzt und die Sicherheit der Konstruktion dennoch gewährleistet ist. Um durch Anwendung des Newtonschen Näherungsverfahrens die möglichen optimalen Konstruktionsmerkmale zu finden, stellt der Ingenieur eine Gleichung auf, deren Glieder die relevanten Faktoren bilden, zum Beispiel die Belastung, die Stärke des Holzes und das Ausmaß der Verbiegung unterschiedlich starker Hölzer. Der Ingenieur setzt einen angenommenen Ausgangswert ein (beispielsweise „Trägerbalken 25 mm × 25 mm, Querbalken 50 mm × 50 mm") und iteriert die Lösung nach dem Newtonschen Verfahren. In den meisten Fällen findet er auf diese Weise eine Lösung. Doch in einigen Fällen stößt er auf die fraktale Gestalt des mathematischen Chaos.

Burns, der lediglich mit Personalcomputern arbeitet, stellt manche seiner Frak-

tale auf kunstgewerblichen Messen und in Kunstgalerien aus. „Das mache ich, um dort mit den Menschen über Mathematik und Kunst ins Gespräch zu kommen", erklärt er. „Ich stelle fest, daß diese Bilder die Leute faszinieren."

Burns sieht seine Aufgabe darin, die Schönheit der Mathematik zu vermitteln, weil sie zugleich die Schönheit der Natur sei: „Diese Bilder stellen den individuellen Ausdruck einer versteckten Schönheit dar. Natürlich können Sie fragen, ob das als Kunst bezeichnet werden kann. Man könnte diese Darstellungen für eine Art Zahlenbilder in großem Maßstab halten. Für viele dieser Formen und Muster erhebe ich keinen künstlerischen Urheberanspruch. Sie treten auf natürliche Weise in der Mathematik auf." Aber Burns entscheidet über die Farbpalette und über den Zeitpunkt, an dem er die Iterationen abbricht. „Ich kann ein Bild klar herausarbeiten, aber ich habe keinen Einfluß auf das, was darin gesehen werden kann."

Die erste der beiden hier abgebildeten Graphiken zeigt ein Beispiel für die Anwendung der Newtonschen Methode auf eine Gleichung mit drei Wurzeln. Die Wurzeln der Gleichung sind die Spitzen der „Schirme" im Bild. „Der chaotische Bezirk ist dort, wo die Formen immer kleiner werden und zusammenzulaufen scheinen. Meine Gattin nennt dieses Bild ‚Schwangere Frau'."

Die zweite Graphik zeigt die Vergrößerung der Grenzregion einer Gleichung mit zehn Lösungen. Die rosafarbenen Bezirke links und rechts kennzeichnen Bereiche für zwei der zehn Lösungen. Das schwarze Loch ist eine Punkteregion (die Annahmen der Ausgangswerte); sie hatten noch nicht begonnen, auf eine der zehn Lösungen zu konvergieren, als Burns die Iterationen der Ausgangsannahmen beendete. „Jedes der schwarzen Löcher verdeckt einen Chaos-Bezirk. Die Grenzregionen bestehen fast nur aus schwarzen Löchern."

Mario Markus ist Physiker am Max-Planck-Institut in Dortmund. Er benutzt seinen Computer als eine Art elektronisches Diagrammpapier und stellt darauf die verwickelte, kaugummiartige Komplexität einer Reihe von Gleichungen dar, mit denen die Bereiche von Ordnung und Chaos bestimmt werden. Mit Hilfe dieser Gleichungen lassen sich Modelle realer Systeme bilden, die komplizierte Interaktionen aufweisen (sogenannte dynamische Systeme), zum Beispiel der Energiestrom in elektrischen Schaltungen und die Turbulenzen in schnellfließendem Wasser.

Markus' graphische Darstellungen sind bedrohliche, surreale, vielleicht sogar unheilvolle Beschwörungen der Unendlichkeiten, die überall in den Bewegungsabläufen der Natur verborgen liegen. Der tiefblaue Hintergrund der Computergraphiken kennzeichnet das dunkle Reich des totalen Chaos. Die unendlich verschlungene Form im Vordergrund ist eine furchteinflößende fraktale Gestalt, jedoch eine Kreatur, die im Bereich der Ordnung sich vermehrt und lebt. Die schattenhaften Organe und Adern im Innern des Geschöpfs stellen „superstabile" Kurven dar, die jeder Veränderung widerstehen. Die komplexen, selbstähnlichen Wiederholungen der Gesamtform treten in immer kleinerem Maßstab immer wieder auf – das charakteristische Erscheinungsbild eines Fraktals. In dem blauen Meer des Chaos stellen diese Formen kleine Inseln der Ordnung dar, die zwischen größeren Festlandgebieten der Ordnung liegen. „In einer Serie von Ausschnittsvergrößerungen impliziert dies das niemals endende Wiederauftreten solcher Bereiche, die durch das Chaos voneinander getrennt werden", sagt Markus. „Deshalb ist es nicht immer möglich zu behaupten: ‚Das System ist im Parameter-Intervall Soundso chaotisch', weil jedes Chaos-Intervall bei höherer Auflösung auch Ordnungs-Intervalle aufweisen kann. Für mich heißt das, daß die Frage, ‚Würfelt Gott oder nicht?' [mit anderen Worten: Wird das Universum vom Zufall oder aber von Vorhersagbarkeit beherrscht?], nicht beantwortet werden kann, solange man sich nicht mit der unmöglichen Aufgabe befaßt, das filigrane Labyrinth dieser Fraktale unendlich gründlich zu erforschen."

Markus erklärt, daß ihm diese Graphiken „eine neue Kunstform schufen, und ich mich durch sie wie ein Künstler fühlte. Sicherlich könnte man einwenden, der Computer bringe diese Bilder hervor und ich müsse nur ein paar Tasten drücken. Aber dieser Einwand könnte auch bei der Fotografie vorgebracht werden. Man könnte behaupten, bei einer Kamera brauche man doch nur durch den Sucher zu blicken und den Auslöser zu betätigen. Wenn Fotografie dennoch als Kunst betrachtet wird, so deshalb, weil ein guter Fotograf viel mehr tun muß, als nur auf den Auslöser zu drücken. Er wählt sein Sujet, den Blickwinkel, die Blende und die Belichtungzeit aus Millionen Alternativen aus. Außerdem kann er in seinem Fotolabor Helligkeit und Kontrast manipulieren. Ein Fotograf kennt viele Freiheitsgrade, um einen gefühlsmäßigen Zustand innerhalb eines hochdimensionalen Raumes von Kontrollparametern auszudrücken. Wie ein Fotograf bewege auch ich mich in einem riesigen Parameterraum, wenn ich meine Fraktalbilder entwickle. Die Parameter, über die ich verfüge, sind Zoomwerte, Fenster,

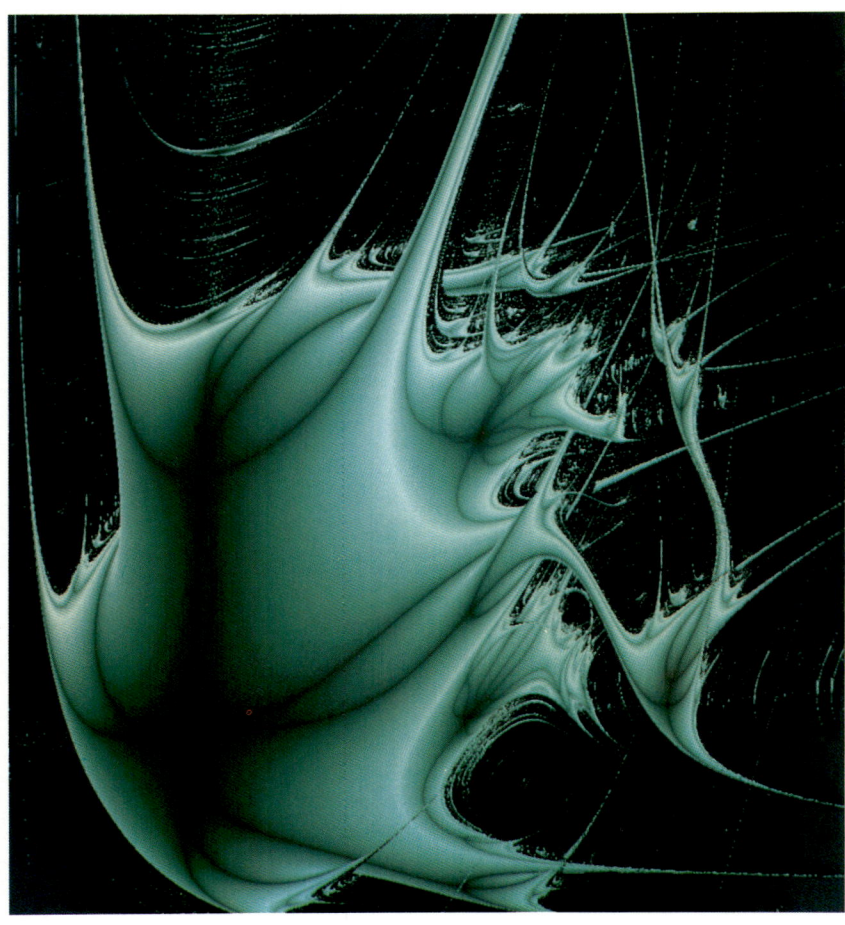

horizontale und vertikale Skalierung, Farben und manchmal die dritte Dimension. Noch vielfältiger sind die Möglichkeiten, die sich erschließen, wenn man auch die Auswahl der Koeffizienten einer Formel zu verändern beginnt. Man kann wirklich sagen, daß die Gleichungen als neuartige Pinsel eines Künstlers betrachtet werden können."

Eine interessante Variante bei der Betrachtung der Bilder von Markus: Drehen Sie die Seite um neunzig Grad nach rechts und schauen Sie sich jetzt die Bilder an. Obwohl für einen Wissenschaftler solch eine Betrachtungsweise keine Bedeutung zu haben braucht – kann das Bild jetzt nicht „ästhetisch signifikanter" wirken?

Cliff Pickover ist Mitglied der Visualization Systems Group im Thomas J. Watson Research Center der IBM in Yorktown Heights, New York. Pickover ist Verfasser der Bücher *Computers, Pattern, Chaos and Beauty* und *Computers and the Imagination.* Sein kleines Arbeitszimmer ist vollgestopft mit Bildschirmen und Computern. Er tippt hier ein paar Daten ein und springt dann zu einem anderen Bildschirm, auf dem plötzlich eine graue, filigranartige Struktur aufleuchtet, die Julia-Menge genannt wird – ein mathematisches Objekt, das mit der berühmten *Mandelbrot-Menge* verwandt ist (vgl. dort).

Die Julia-Menge ist eigentlich ein mathematisches Konstrukt, das in einem Zahlendickicht, einer komplexen Zahlenebene, angesiedelt ist. Um die fraktalen Umrisse der Julia-Menge zu „finden", wird Pickovers Computerbildschirm gewissermaßen zu einem ultrafeinen, elektronischen Diagrammpapier. Alle Bildpunkte (Pixel) auf dem Schirm – auf einem hochauflösenden Monitor sind es über eine Million – kann man sich als Schnittpunkte der Linien des Diagrammpapiers vorstellen. Pickovers leistungsfähiger Computer „testet" jeden Punkt (jede Zahl) in einem Gebiet der komplexen Ebene, indem er ihm eine iterative Gleichung zuschreibt und aufzeichnet, mit welcher Geschwindigkeit der Wert expandiert.

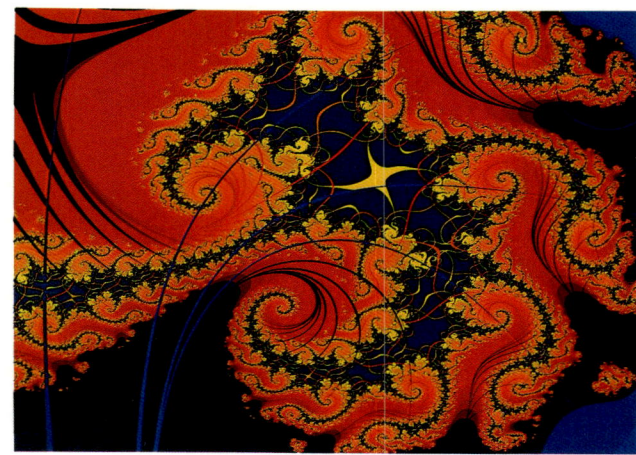 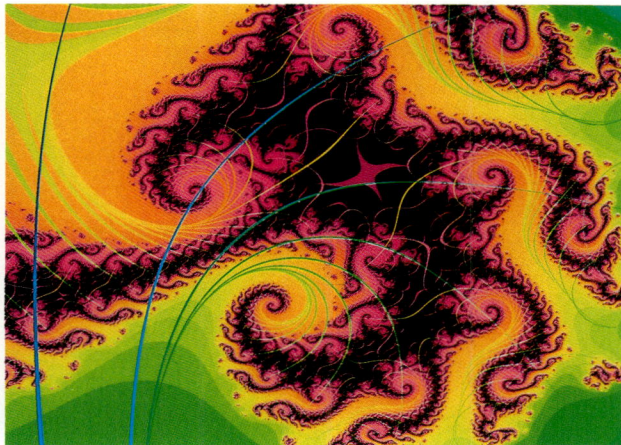

Bleibt der Wert stabil, weist er ihm eine von 255 möglichen Farben (gewöhnlich schwarz) zu. Steigt der Wert schnell in die Unendlichkeit, erhält er eine andere Farbe; entwickelt er sich in unterschiedlichen, langsameren Steigerungsraten, erhält jede Rate ihre eigene Farbe.

An diesem Morgen beginnt Pickover mit der Julia-Menge in einer Grauskala (siehe Abbildung oben links), um seine Technik zu erläutern. Jeder Farbton in dem Bild stellt eine Ansammlung von Punkten dar, die sich in ungefähr gleichen Steigerungsraten ausdehnt. Die schwarzen Bezirke markieren die „bravsten", also stabilsten Punkte – Punkte, die innerhalb der Julia-Menge liegen. Pickover führt zusätzlich ein paar graphische „Tricks" ein, um spezielle Effekte zu erzeugen, wie beispielsweise die haardünnen Linien, die sich bogenförmig bis an die Ränder der Menge erstrecken.

Die ersten Farbzuweisungen bezeichnet Pickover als „Standard-Palette". Er tippt auf der Tastatur des Computers, und plötzlich ergießen sich die Farben über den Bildschirm und über die bisher in verschiedenen Grautönen dargestellte Julia-Menge. Wellenartig erfassen die Farben die Strände der ineinandergesetzten, gewundenen Küstenlinien jener Zahlen, die um die Randbezirke der Menge liegen. „Diese Palette nehme ich am Anfang gerne, weil man dabei weiß, daß grün neben blau liegt und daß rot weit von blau entfernt ist. Sie hat also eine gewisse Bedeutung für das Auge." Bei einem Farbmuster, das ihm gefällt, stoppt er den Prozeß und läßt das Bild ausdrucken (siehe Abbildung oben rechts). Dann erklärt er: „Die Ränder des Fraktals werden nicht betont. Bei diesem Bild sind die hellen, heißen Farben die schnellen, und die blauen und grünen Töne die langsamsten."

Pickover tippt wieder auf seiner Tastatur, um ein drittes Bild herzustellen. Er wählt die Farben seiner Lieblingspalette. „Wir werden jetzt die Strukturen betonen, so daß etwas ästhetisch Angenehmes entsteht. Der ästhetische Reiz des Fraktals wird wahrscheinlich durch den scharfen Kontrast erzeugt, den das Auge wahrnimmt. Kontrast ist auch in wissenschaftlicher Hinsicht nützlich. Ich werde jetzt die Farbtafel verschieben. Ja, das sieht gut aus, nicht wahr?"

Für das letzte Bild setzt Pickover eine „willkürliche" Farbpalette ein. „Wir probieren es jetzt einmal mit Violettönen oder irgendeiner ungewöhnlichen Farbe. Jetzt sehen wir Farben, die zuvor nicht vorhanden waren. Die bisherigen Bilder enthielten kein Purpur." Er tippt rhythmisch auf der Tastatur des Computers; Farben ergießen sich über die verschlungenen Fraktalküstenlinien. „Das ist hübsch", sagt er begeistert. „Das gefällt mir. Schauen Sie nur, jetzt haben wir den Zufall in unser Leben gebracht. Man könnte vermutlich dazu einen philosophischen Kommentar abgeben – über die Rolle des Zufalls in der Kunst."

Pickover begann seine wissenschaftliche Laufbahn in der Molekular-Biophysik und Biochemie, doch jetzt arbeitet er ausschließlich an Computergraphiken. Sein Ziel ist es, „die ästhetische Seite des Computers für die Darstellung biologischer Strukturen und anderer komplizierter Daten" einzusetzen. „Viele natürliche Dinge sind Fraktale", sagt Pickover. „Dafür gibt es viele Ursachen, sei es, daß eine Oberfläche vergrößert werden soll, sei es, daß es genetisch einfacher ist, eine fraktale Regel zu wiederholen und dann noch einmal und noch einmal zu wiederholen. Diese Gleichungen sind rein mathematische Zahlenfolgen, und doch liegt ihnen immer derselbe Ansatz zugrunde, daß die Wiederholung in verschiedenen Größenskalen zu ähnlichen Merkmalen führt."

Auch Pickover glaubt, daß ein dynamisches Gleichgewicht gewöhnlich das für Menschen ästhetisch angenehmste Muster darstellt. „Zu viel Ordnung wirkt wie das Testbild auf dem Bildschirm des Fernsehgeräts. Zu viel Unordnung wirkt wie pure atmosphärische Störungen. Was man will, liegt irgendwo in der Mitte."

Pickover befragt jeden, der das Labor betritt, wie er die fraktalen Bilder verbessern könne, an denen er arbeitet. Er ist sehr an Modifikationen und neuen Experimenten interessiert. „Der Computer ist ein Werkzeug, mit dessen Hilfe Künstler, Mathematiker und Wissenschaftler unerwartete und seltsame neue Welten entdecken können, die sie zuvor nicht einmal erahnen konnten. Er läßt auch Nicht-Künstler teilhaben an etwas, das wir Kunst nennen können. Kunstkritiker mögen es nicht als Kunst anerkennen, aber für mich gehören die Werke, die ich hervorbringe, in den Bereich der Kunst."

DIE NEUE GEOMETRIE
DER UNGLEICHMÄSSIGKEIT

*Wolken sind keine Kugeln, Berge sind keine Kegel,
Küsten sind keine Kreise, Rinde ist nicht glatt; und auch
der Blitz bildet keine Gerade.*

—BENOÎT MANDELBROT, Entdecker der fraktalen Geometrie.

Die euklidische Geometrie idealisiert die Formen. Dreiecke und Quadrate bestehen aus geraden Linien; Kreise und Kurven sind glatt und regelmäßig geformt; der Raum wird durch ganzzahlige Dimensionen definiert – ein Punkt ist dimensionslos, eine Gerade ist ein-, eine Fläche zwei-, ein Körper dreidimensional. Wir bauen unsere Häuser und Städte nach euklidischen Spezifizierungen; diese Geometrie ist für solche Zwecke zweifellos gut geeignet. Wendet man sie jedoch auf Formen und Bewegungen der Natur an, so zeigt sich, daß sich mit Euklid das zerzauste, zerklüftete, faltige Kontinuum der nichtmenschlichen Welt weit weniger befriedigend erfassen läßt. Auch die fraktale Geometrie ist idealisiert, wie jedes Teilgebiet der Mathematik, aber viel weniger als ihre Vorgängerin. Diese Geometrie ist auf dynamische Bewegung gerichtet, auf zerklüftete Linien, auf Räume, die so zerknittert sind, daß sie sich weder als Gerade noch als Fläche oder Körper beschreiben lassen.

Künstler lieben diese Geometrie. Für sie stellte Ungleichmäßigkeit seit jeher eine *Conditio sine qua non* dar. Selbst Piet Mondrian, der moderne niederländische Maler, der von geradlinigen Formen besessen scheint, ließ Tropfen und kleine Ungleichmäßigkeiten in seinen geraden Linien zu und deutete so die Gegenwart des menschlichen Schöpfers hinter den abstrakten Formen an.

Die Natur kennt keine absolut perfekten Geraden oder perfekt symmetrischen Kurven. Selbst die elliptischen Umlaufbahnen der Planeten sind nicht gleichmäßig. Und Künstler wissen, daß sich in der subtilen Unregelmäßigkeit einer Linie, in ihrer ungleichmäßigen Stärke ihre Energie, ihre eigentliche *Lebendigkeit* ausdrückt. Man kann sogar sagen, daß Ungleichmäßigkeit ein wesentliches Element der Kunst und integraler Bestandteil eines wahren und schönen Kunstwerks ist.

Die Fraktalgeometrie entfernt sich von den quantitativen Maßstäben, die für quantifizierbare Faktoren wie Entfernungen und Winkelgrößen bestimmt sind. Sie wendet sich vielmehr der Qualität der Dinge zu – den Oberflächenstrukturen, der Komplexität und der Ganzheitlichkeit. Die Ästhetik der fraktalen Geometrie kommt deshalb alten ästhetischen Idealen näher als die Ästhetik der euklidischen Geometrie. Die meisten Künstler wenden zwar die Fraktalgeometrie in ihren Arbeiten formal nicht an, erfassen jedoch sofort die fraktalen Prinzipien, wenn sie mit ihnen in Berührung kommen.

Die beiden Künstler, deren Bilder in diesem Abschnitt vorgestellt werden, bezogen ihre Inspiration auf unterschiedliche Weise aus der neuen Mathematik, mit der sich die Welt erfassen läßt.

Lawrence Hudetz begann seine Laufbahn als Elektroingenieur und wurde dann Fotograf. Jahre später las er Berichte über die Chaos-Theorie; dies veränderte seine Kunst.

Hudetz erinnert sich: „Ich hatte das euklidische Konzept des Kreises, des Drei-

ecks und des Quadrats begriffen, denn ich benutzte auch ein quadratisches Bildformat. Aber ich war immer überzeugt gewesen, daß es noch mehr geben mußte. Ich wußte aber nicht genau, was das sein könnte oder wie man damit umgehen sollte." Hudetz spürte, daß er die Antwort aus der Chaos-Theorie und den Fraktalen erfahren könnte. „Das Denken in fraktalen Formen erschließt mir eine zusätzliche Dimension. Gehe ich mit der Vorstellung der alten Geometrie in den Wald, versuche ich, die Bäume in Reih' und Glied zu sehen oder einen bestimmten Rhythmus wahrzunehmen. Das Chaos der Zweige im Hintergrund ist dann nichts weiter als eben ein Hintergrund. Aber wenn ich den Hintergrund als den eigentlichen Gegenstand wahrnehme, ist es nebensächlich, ob die Bäume gerade sind oder nicht. Die neue Geometrie ist eine offenere Betrachtungsweise. Sie bewirkt eine leichte Wahrnehmungsverschiebung. Sie ermöglicht es mir, Vorstellungen zu akzeptieren, die ich früher vielleicht abgelehnt hätte, weil mir mein Verstand gesagt hätte, ‚Das ist nicht richtig geordnet'. Wenn ich meine Kamera herausnehme und unaufmerksam bin, falle ich dennoch sofort wieder in den euklidischen Modus zurück, weil er so bequem ist. Wir haben uns zu sehr daran gewöhnt, die Dinge auf die alte Weise wahrzunehmen."

Hudetz bezeichnet sich als einen Künstler, der nach Bildern sucht, die seinem – wie er sagt – „inneren Fraktal" entsprechen. Damit meint er seine Suche nach einer Textur, einem unebenen und verworrenen inneren Muster, das die Empfindung seiner Existenz in dieser Welt ausdrückt. In dem Sujet, das er fotografieren wolle, müsse die „Qualität des *Seins* sichtbar werden". Er fügt hinzu: „Ich kann sie eigentlich nicht beschreiben. Sie ist entweder vorhanden oder nicht. Wenn ich dieses Ding zu analysieren versuche, fällt es auseinander."

Hudetz hält eine Aufnahme für gelungen, wenn sie den exakten Schnittpunkt von Ordnung und Chaos darstellte. „Ich will erreichen, daß man beim Betrachten der Fotografie nicht mehr feststellen kann, in welche Richtung sich diese Sache entwickelt. Fotografiere ich dieses Erlendickicht als ein geordnetes Gebilde, das aus dem Chaos entstand, oder ist es eine Ordnung, die sich zum Chaos entwickelt?"

Die erste der hier abgebildeten Fotografien nennt Hudetz „Euklidischer Wald". Die Komposition betont die Gerade. Das Bild ist von angenehmer, klassischer Schönheit. Die zweite Fotografie ist bewegter. Die hell betonten verschlungenen Zweige erstrecken sich über den Rahmen des Bildes hinaus, so daß die Komposition keine klar definierte seitliche, obere oder untere Begrenzung hat. Auch gehen Vorder- und Hintergrund ineinander über.

Die Landschaftsmalerin Margaret Grimes entdeckte die Fraktalgeometrie erst, als ihre Malerei bereits eine grundlegende Veränderung erfahren hatte. Aber Fraktale und die Chaos-Theorie bestätigten ihr die Bedeutung ihrer neuen Perspektive.

„Ich durchlebte eine sehr traumatische Periode: Was mich visuell erregte, paßte zu keiner der traditionellen Formen der Landschaftsbetrachtung. So habe ich zum Beispiel von meinem Haus einen prächtigen Ausblick zum Ufer hinunter mit dichtem Unterholz und all den Kletterpflanzen in den Bäumen, die die Bäume töten – einfach überwältigend. Wir haben uns an eine gewissermaßen keimfreie Betrachtung gewöhnt, die uns hindert, die Natur *wirklich* zu betrachten. Aber es kann unser Ende als Spezies bedeuten, daß wir *nicht* schauen. Mir wurde klar, daß die Dinge in der traditionellen Landschaftsmalerei sehr verallgemeinert werden; die Linien werden begradigt, so daß das Ganze in gewisser Hinsicht wie eine Parkszene wirkt."

Grimes erklärt, das Malen von Landschaften mit dem neuen Geometrieverständnis konzentriere sich „auf die Komplexität der natürlichen Formen und der Beziehungen – der Beziehungen von Raum und Gestalt und der Lebensbeziehungen. Der formale Gegenstand wird durch Muster zusammengehalten, die überall in der Komposition auftauchen. Hat man diese formale Struktur erst einmal gefunden, kann man auch sehr detaillierte Beobachtungen einarbeiten, ohne die Komposition zu zerstören. Auf diese Weise wirkt der Raum weniger tief und man spürt, daß alle Dinge in der Komposition fast gleichbedeutend sind. Das hat philosophische Implikationen: Eine Lebensform ist nicht notwendig wertvoller als eine andere."

„Bei vielen Gemälden dauert es Monate, bis sie fertig sind", führt die Malerin weiter aus, „aber ich versuche, die Frische und Direktheit der ursprünglichen Inspiration zu erhalten. Selbst ein sehr großes, komplexes Gemälde soll wirken, als sei alles in einem Moment entstanden." Sie berichtet, daß Betrachter ihrer Gemälde manchmal verstört reagierten, weil „die Bilder grenzenlos zu sein scheinen".

Grimes erklärt, die Eindringlichkeit ihrer Malerei sei eine Folge ihrer Sorge um die sich beschleunigende Zerstörung der natürlichen Umwelt durch den Menschen. „In der Kunsthochschule lernten wir, so zu malen, als erblickten wir etwas zum ersten Mal. Ich versuche zu malen, als sähe ich die Natur zum letzten Mal." Sie ist der Meinung, daß ein Künstler ein „Schamane" sein müsse, der den Betrachter mit der geheiligten und mysteriösen Natur vereinige und ihm helfe, die tiefe Selbstversenkung in die natürliche Welt wieder zu erlernen.

Aus Grimes' Gemälde der Forsythien bleiben die bequemen Fluchtlinien der Perspektive verbannt – wie auch aus Hudetz' Fotografie der Erlen. Der Betrachter wird in die Unruhe des Lebens hineingezogen.

FRAKTALE GEHEIMNISSE GROSSER KUNST

*Computer können sich natürlich irren, und ihre Irrtümer
sorgen immer wieder für kleine Ärgernisse. Aber die Fehler
können behoben werden und werden auch fast immer
behoben. In dieser Hinsicht unterscheiden sich Computer
grundlegend von Menschen. Der Gedanke ist beruhigend:
Computer werden die Welt nicht beherrschen, sie
können uns nicht ersetzen, weil sie nicht, wie wir,
mit Mehrdeutigkeit umgehen können.*

−LEWIS THOMAS, *Late Night Thoughts
on Listening to Mahler's Ninth Symphony.*

Der Museumskurator Klaus Ottmann veranstaltete 1989 eine Ausstellung mit dem Titel: „Strange Attractors: The Spectacle of Chaos." Er ist überzeugt, daß in der Kunst eine fraktale Revolution stattfindet. Ottmann vermeidet es, dieses Ereignis als Stil oder Bewegung zu bezeichnen, und nennt es statt dessen „Aktivität".

„Wir können ebenso von einer fraktalistischen Aktivität sprechen, wie wir früher von einer surrealistischen oder strukturalistischen Aktivität sprachen", erklärt Ottmann. „Fraktalistische Künstler sind ein Spiegel des psychologischen und sozialen Zustands der Gesellschaft und bilden zugleich eine ihrer Schnittstellen. Sie beschäftigen sich nicht mehr nur mit der Herstellung von Objekten, sondern mit den Erfahrungen der Fraktalisierung." Er gibt den Rat: „Halten Sie Ausschau nach einem der drei Attribute der Fraktale (*Skalierung*, *Selbstähnlichkeit* und *Zufälligkeit*), wenn Sie feststellen wollen, ob eine fraktalistische Sichtweise am Werk war."

In der Tat bekennen sich immer mehr Künstler in den Vereinigten Staaten, in Europa und Asien zu einer Art fraktalistischer Sichtweise. Ein Besucher der Ausstellung Ottmanns erklärte begeistert: „Die absolute Gleichzeitigkeit von Ordnung und Unordnung in den Bildern dieser Ausstellung ist etwas Neues … Seit der Errichtung von Stonehenge scheint es keine Sichtweise der geheimnisvollen Funktionsmechanismen der natürlichen Welt mehr gegeben zu haben, die so bedeutsam für Kunst und Architektur war."

Die zeitgenössischen Künstler, deren „Aktivität" fraktalistisch genannt werden kann, beziehen sich auf eine Tradition, die sich durch die gesamte Kunstgeschichte zurückverfolgen läßt. Man könnte eine lange Liste von Künstlern zusammenstellen, in deren Werken etwas wirksam wurde, das wir heute als fraktale Bildelemente erkennen: Denken Sie nur an Vincent Van Goghs dichte Energiewirbel, die die dargestellten Gegenstände umgeben, an die sich immer wiederholende Geometrie eines Maurits Escher (der einmal feststellte: „Seit langem bin ich an Mustern interessiert, in denen die ‚Motive' immer kleiner werden, bis sie die Grenze der unendlichen Kleinheit erreichen"); denken Sie an die Farbtropfen und verworrenen Abstraktionen eines Jackson Pollock, an die bis in alle Einzelheiten ausgeführten Barockverzierungen der Pariser Oper, an die sich in unterschiedlichen Größenmaßstäben wiederholenden Spitzbogen der gotischen Kathedralen und an die Berge in der alten chinesischen Landschaftsmalerei, die wie aufgewühlte, zu Eis erstarrte Wolken aussehen.

Heute jedoch, am Ende des 20. Jahrhunderts, werden Kunstwerke bewußt fraktal gestaltet. Kunst sei zu einem „selbstreferentiellen und sich selbst reproduzierenden System" geworden, erklärt Ottmann. Die heutigen Künstler erregt die Erkenntnis, daß die Fraktalisierung in einem tieferen Sinne *Kunst* ist. Die zunehmende Bedeutung der Fraktale trägt jedoch auch zu einer Demokratisie-

Carlos Ginzburg, ein Pariser Künstler und Mitglied eines Kreises von „Fraktalisten" in Europa tituliert dieses Bild „Chaos Fractal 1985–86". Als Ganzes und von weitem betrachtet, erscheint die Oberfläche mit ihren Inseln und Farbtupfern abstrakt. Im kleinen Maßstab enthüllt das Bild eine Fülle überraschender neuer Einzelheiten von ausgeschnittenen Objekten und Strukturen, deren psychologischer, sozialer und metrischer Maßstab vermischt sind. Scherzhaft gesteht Ginzburg, daß „das Verständnis von Fraktalen und Chaos mehr als meine Wahrnehmung der Welt änderte. Meine bisherige Dimension ‚Homo Sapiens' – ‚Homo Faber' – ‚Homo Demens' – ‚Homo Ludens' wurde definitiv zu einer ‚Homo Fractalus'. Ich bin ein fraktales Subjekt – ein Fraktalmensch." Er fügt hinzu: „Fraktale sind das Prinzip, das Hauptprinzip unserer Kultur. Wir befinden uns im Moment im ‚fraktalen Zustand der Werte' und Fraktale sind Ausdruck der viralen Proliferation von Gesellschaft und Individuen." Nach seiner Meinung über die Beziehung von Ordnung und Chaos in der Natur befragt, antwortet Ginzburg: „Ich bin wirklich sehr weit weg von ‚Natur', lebe innerhalb der elektronischen Informationsverarbeitung und simuliere Ordnung und Chaos."

Der New Yorker Künstler Edward Berko verwendet die Idee von Fraktalen und Chaos, um „die Manifestation von Struktur in der Natur zu erforschen", und interessiert sich für die theoretischen Implikationen vom ästhetischen Standpunkt aus. „Ich male, um die Möglichkeiten der fraktalen Geometrie zu erforschen und um eine neue Ästhetik der Natur auszudrücken." In seinem Essay „Über die Natur der Fraktalisierung", beschreibt Berko seine Ästhetik: „Wir finden seltsame und unnatürliche Verbindungen von Vorstellungen und leugnen die Existenz von Originalität. Wir fragen uns: Befinden wir uns in einem Zustand unendlicher Wiederholung? Unendlicher Selbstähnlichkeit? Unendlicher Vergrößerung von Gleichheit, die wir jedoch als Unterschied definiert hatten? Wir erwägen, Ordnung innerhalb von Gleichheit, außerhalb von Gleichheit und innerhalb zufälligen Verhaltens aufzuzeigen …" „Ebenso wie die Erzeugung fraktaler Strukturen beruht auch künstlerische Arbeit auf einem iterativen Prozeß. Kreativität ist ein Rückkoppelungssystem zwischen Vorangegangenem und Neuem. Auf diese Weise wird die Produktion von Kunst zu einem selbstähnlichen, auf sich selbst beziehenden und selbstiterativen Prozeß." Berko nennt dieses Werk „Fraktales Netz".

Die Computergraphik-Chaos-Revolution hat eine neue Generation von Künstlern hervorgebracht. Der Brite William Latham ist ein Bildhauer, der anstelle von Marmor und Ton mit dem Computerbildschirm arbeitet. Der japanische Kritiker „wissenschaftlicher Kunst", Itsuo Sakane, beschreibt die Arbeit Lathams als „eine Art Schockerlebnis, mit einer seltsamen und übernatürlichen Form konfrontiert zu werden, die auf einem Planeten in einer anderen Galaxie existieren könnte und einen zum Planeten Erde völlig unterschiedlichen Evolutionsprozeß durchlaufen hat. Diese Strukturen scheinen organischen wie anorganischen Ursprungs zugleich zu sein … Doch man empfindet auch so etwas wie Nostalgie, ein Gefühl, den Prototyp einer Lebensform vor sich zu haben, den man bereits früher irgendwo gesehen hat." Latham verwendet in seiner Arbeit fraktale Geometrie und andere Techniken der Computergraphik. Er sagt: „Früher befaßten sich Künstler wie Van Gogh, Cézanne und Monet mit der Wiedergabe der natürlichen Welt, beispielsweise die Sonnenblumen von Van Gogh oder die Wasserlilien von Monet. Ich versuche, meine Version der natürlichen Welt darzustellen… Wie in einem Traum steht der Betrachter einer verzerrten, künstlichen Welt gegenüber."

In dieser Skulptur mit dem Titel „In das Innere der Form", hat Latham die immer kleiner werdende Spirale mit einem fraktalen Muster überzogen.

rung der Kunst bei und stellt die zeitgenössischen Künstler vor ein wichtiges Problem. Ottmann führte nach der Chaos-Kunstausstellung ein Symposion durch, zu dem er Wissenschaftler, Computergraphiker und Künster einlud, die fraktale Bilder produzieren. Bei dieser Veranstaltung brachte Clifford Pickover von IBM die Frage nach der Demokratisierung der Kunst auf den Punkt. Er bezog sich dabei auf die Fähigkeit der Menschen, mit Hilfe einfacher Algorithmen und kleiner Personalcomputer seltsame Attraktoren und üppige, ornamentale Varianten der Mandelbrot-Menge zu erzeugen. Pickover stellte folgende Überlegung an: „Ich frage mich, ob es die Künstler nicht stört, daß jeder Gymnasiast heutzutage Bilder erzeugen kann, die von den meisten Menschen als schön empfunden werden, während ihnen die ‚wahre Kunst' gleichgültig ist."

Es stellt sich also die Frage: Was ist wahre Kunst? Ist Kunst etwas, das schön und faszinierend ist, das Formen aufweist, die gleichzeitig geordnet und chaotisch wirken? Die Bilder der Mandelbrot-Menge weisen diese Qualitäten auf. Nähern wir uns einer Ära, in der Fraktale erzeugende Computer die Intuition des Künstlers verdrängen werden? Zwar lautet die Antwort „wahrscheinlich nein", doch können die fraktalen Qualitäten der Selbstähnlichkeit und der Gleichzeitigkeit von Chaos und Ordnung dazu beitragen, einen wichtigen Aspekt des Wesens der Kunst zu beleuchten.

Betrachten wir einmal die Selbstähnlichkeit von stochastischen Fraktalen (zum Beispiel die fraktalen Nachbildungen von Bäumen und Gebirgen) und von computererzeugten nichtlinearen Fraktalen (wie der Mandelbrot-Menge), in denen bestimmte Muster in unterschiedlichen Maßstäben immer wieder auftreten. Stellen Sie sich das mit Warzen übersäte Apfelmännchen der Mandelbrot-Menge vor – das wie das Kaninchen des Zauberkünstlers immer wieder in immer neuen Anordnungen von Wirbeln, Falten und feuerwerksähnlichen Mustern an den unendlich langen Rändern der Menge auftaucht. Die Menge ist zweifellos schön und läßt sich auch variieren; dennoch erweckt sie nach einer Weile den Eindruck, voraussagbar zu sein – natürlich nicht voraussagbar im wörtlichen Sinne (denn die Menge ist nicht voraussagbar), sondern im psychologischen Sinne. Nach einiger Zeit wirkt die Menge möglicherweise sogar ein wenig langweilig. Verglei-

Die Pariser Fotografin Marie Bénédicte Hautem hat die Zusammensetzung der Pariser Oper aus selbstähnlichen Details aufgenommen. Mandelbrot selbst bezeichnet die Struktur als ein Beispiel der Skalierungsmöglichkeiten, die die von ihm erfundene fraktale Geometrie bietet. „Eine meiner Schlußfolgerungen ist", schreibt Mandelbrot, „daß es sinnvoll ist, die Gebäude von Mies van der Rohe als maßstabsgebunden zu charakterisieren – ein Begriff, den Physiker zur Beschreibung fehlerloser Kristalle oder des Sonnensystems benützen würden – und die Pariser Oper als ein skaliertes

Bauwerk anzusehen – der Ausdruck Skalierung ist ebenso auf das typische Aussehen der Alpen und auf die visuellen Charakteristika vieler natürlicher Objekte anwendbar." Wandert man die Rue de l'Opéra hinunter, so eröffnen sich beim Näherkommen immer mehr selbstähnliche Einzelheiten des Gebäudes. Mandelbrots anscheinend eigenartiger Vergleich dieses barocken Bauwerks der Schönen Künste mit natürlichen Objekten betont die Tatsache, daß trotz der Verschiedenheit von Kunstwerken und „realistischen" Objekten viele Künstler danach streben, Formen zu schaffen, die etwas von der inneren Struktur und Lebenskraft natürlicher Formen zum Ausdruck bringen.

chen Sie nun die Mandelbrot-Kunst mit Objekten der allgemein anerkannten „wahren Kunst" – einem Picasso, einem Brueghel oder auch einem Sonnett Shakespeares –, also mit Werken einer Periode, eines Stils oder einer Kultur, die die Zeiten überdauerten und die ihre Lebendigkeit auch nach vielen Begegnungen mit ihnen bewahren. Das große Gedicht oder Gemälde ist immer neu, birgt immer wieder feine Überraschungen. Das Lächeln der Mona Lisa beispielsweise bleibt ein ungelöstes Rätsel. Aus den Erkenntnissen von Chaosforschern, die sich mit den inneren Funktionen des Gehirns befassen, können wir einen Hinweis darauf erhalten, warum wir große Kunst auf diese Weise wahrnehmen.

Neurowissenschaftler wie Walter Freeman und Paul Rapp behaupten, ein gesundes Gehirn behalte ein gewisses Mindestmaß an Chaos bei, das sich von Zeit zu Zeit selbst zu einer einfachen Ordnung organisiere, wenn es bekannte Stimuli emp-

Fasziniert von Chaos und Fraktalen, gestaltete der Architekt Peter Anders das Innere seiner Dachwohnung in Form eines „seltsamen Attraktors". Ebenso wie die von Chaosforschern auf dem Computer-

bildschirm entwickelten seltsamen Attraktoren winden sich die Linien im Raum und erzeugen eine paradoxe Wirkung von Unendlichkeit und Wiederholung, von Fragmentierung und Einheit zugleich. Dies ist das Wesen der Ästhetik von Fraktalisten.

fange. Freeman und seine Mitarbeiter ließen ein Kaninchen vertraute Gerüche schnuppern. Daraufhin wurde die graphische Darstellung der im Bulbus olfactorius, dem Geruchszentrum des Kaninchenhirns, stattfindenden elektrischen Aktivität einfacher: Sie veränderte sich von einem seltsamen Attraktor zu einem weniger seltsamen Attraktor (vgl. Abb. S. 128). Konfrontierte man aber das Kaninchen mit unbekannten Gerüchen, wurde der normalerweise seltsame Attraktor *noch seltsamer.* Aber diese Wirkung war nur von kurzer Dauer. Bald wurde der unbekannte Geruch vertrauter, das Gehirn des Kaninchens „gewöhnte" sich an ihn, und das Elektroenzephalogramm des Tieres wies wieder einfachere Muster auf. Die Wissenschaftler vermuten, daß im menschlichen Gehirn ähnliche Prozesse ablaufen. Wir können daher annehmen, daß die Darstellungsform eines zeitlosen Kunstwerks auf

Dieser Holzschnitt, „Wasserfall in Yoshino", des japanischen Malers Hokusai (1760–1849) benützt Reflektaphern unterschiedlicher Größenordnungen, eine Tradition asiatischer Künstler. Die zentrale Reflektapher hier ist subtil, aber bildbeherrschend – eine variierte Form, die der Arbeit Einheit, Diversität und Ganzheit verleiht. Diese reflektaphorische Form könnte man als Krebsschere beschreiben.

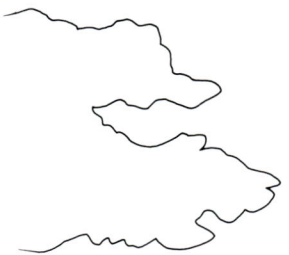

Sie durchzieht in verschiedenen Maßstäben und zahlreichen Umwandlungen die Vegetation, das Wasser und die Felsen. Man beachte die Schere am Grunde des roten Felsens im unteren Bildbereich. Das ockerfarbige Pferd ist die Basis einer Schere, die von dem rechts vom Fluß verlaufenden Felsen gebildet wird. Das Pferd selbst stellt mit seinem gewölbten Nacken eine feinere Scherenform dar. Eine weitere Schere bilden die beiden ziehenden Männer.

irgendeine Weise der Gewöhnungstendenz des Gehirns widersteht. Ein großes Kunstwerk scheint bei jeder Begegnung im menschlichen Gehirn einen neuen, sehr seltsamen Attraktor hervorzurufen. Sooft wir auch ein großes Gedicht lesen, einer großen Symphonie lauschen oder ein großes Gemälde betrachten, und so vertraut wir auch mit diesem Werk sein mögen, bleibt es uns doch auf einer wichtigen Wahrnehmungsebene unbekannt. Der Schlüssel ist in der Mehrdeutigkeit zu sehen, die künstlerische Selbstähnlichkeit zu erzeugen vermag.

Wenn Maler zahlreiche selbstähnliche Formen und Farben auf der Leinwand nebeneinander stellen oder wenn Komponisten eine Tonsequenz in viele selbstähnliche Formen umwandeln, indem sie den Rhythmus variieren und die Tonfolge verschiedenen Instrumentengruppen des Orchesters zuordnen, erzeugen sie eine Spannung, die klare Mehrdeutigkeiten hervorruft. Ein künstlerisches Nebeneinander dieser Art kann man als „Reflektapher" bezeichnen: Nicht nur Formen spiegeln sich selbstähnlich darin wider, sondern, wie in der Metapher, auch eine Spannung von ähnlichen *und* unterschiedlichen Ausdrucksformen. Diese reflektaphorische Spannung ist hochgradig dynamisch und erschüttert unseren Verstand mit einer Mischung aus Verwunderung, Ehrfurcht, Verblüffung und der Empfindung unerwarteter Wahrheit oder Schönheit.

Künstler müssen die richtige Distanz zwischen den Ausdrucksformen ihrer Reflektaphern finden, wenn sie ein großes Kunstwerk hervorbringen wollen – die richtige Balance zwischen Harmonie und Dissonanz, um die Spannung und die aufschlußreichen Mehrdeutigkeiten zu schaffen, die vom Kunstwerk ausgehen können. Diese richtige Balance überrumpelt die Denkprozesse und verhindert den Gewöhnungsprozeß. Denn sie zwingt unseren Verstand dazu, die Worte oder Formen oder Tonfolgen so wahrzunehmen, als sei es das erste Mal, und zwar jedes Mal aufs Neue, gleichgültig, wie oft wir sie zuvor schon wahrgenommen hatten. Diese reflektaphorische Harmonie finden die Künstler, indem sie die Distanz zwischen den selbstähnlichen Bedingungen zunächst in ihrem eigenen Verstand erproben. Ein Dichter, der ein Gedicht überarbeitet, liest es möglicherweise mehrere hundert Male durch. Wirkt die Metapher noch immer leicht überraschend, wenn man sie so oft gelesen hat? Trifft dies zu, so handelt es sich um eine Reflektapher: eine Nebeneinanderstellung von Ausdrucksformen, die sowohl selbstähnlich als auch verschiedenartig sind, und deshalb eine Öffnung des Verstandes bewirken.

Die Fraktale der Mandelbrot-Menge sind beinahe Kunst, aber eben nicht ganz. Die einzelnen Teile gleichen sich zu sehr oder unterscheiden sich in einigen Fällen zu sehr voneinander, um jenes von Mehrdeutigkeiten erfüllte reflektaphorische Gewebe zu erzeugen, das ein großes Kunstwerk kennzeichnet. Kunst ist viel mehr als ein bloßes Austauschen ähnlicher Formen. Sie ist kreativ auf eine der Kreativität

In diesem klassischen Landschaftsbild, „Die Erntearbeiter", gemalt von dem flämischen Maler Pieter Brueghel dem Älteren im 17. Jahrhundert, erzeugt der Künstler Reflektaphern, indem er euklidische Formen vergleicht, gegenüberstellt und miteinander verknüpft. Man beachte zum Beispiel, in wie vielen Variationen und in wie vielen Maßstäben die dreieckige Form der zusammengestellten Garben wiederkehrt. Sie findet sich in der Haltung des Mannes, der unter dem Baum liegt, in der spitz zulaufenden Perspektive des Korridors, aus dem der Mann mit dem roten Krug tritt, in den Dächern der Häuser. Schauen wir auf die Kreise: Einer wird von den Garben und den beiden Menschen rechts im Bild gebildet. Ein anderer verläuft von dem gemähten Feld entlang der Straße links im Bild über die grüne, zum Wasser führende Vegetation und biegt dann zurück. Ein dritter Kreis entsteht durch die Gruppe essender Menschen im rechten Vordergrund. Die Garben-Dreiecke sind von den zerfransten Kreisen bekront. All diese Kreise sind unvollständig und unregelmäßig. Mit den Dreiecken und den Kreisen sind rechteckige Formen verknüpft. Die Straße im linken Bildrand z.B. gehört sowohl zu dem Rechteck wie auch zu dem großen Kreis, der das Zentrum des Gemäldes beherrscht. Man beachte den Scheitel, den die im Bild horizontal verlaufende Straße bildet und den Eindruck einer Dreiecksspitze erweckt, und die vielen Vertikalen, die das geschnittene Getreide bildet: Sie bringen neue Dreiecksformen hervor. Die Straße, auf der der Erntewagen fährt, spiegelt die Linie des geschnittenen Getreides im Vordergrund wider: Beides ist ähnlich und doch unterschiedlich. Alles in allem hat Brueghel einen Weg gefunden, euklidische Formen zu verknüpfen und zu „fraktalisieren" und so den Eindruck von gleichzeitiger Symmetrie und Asymmetrie zu erzeugen.

der Natur entsprechende Weise: Jede Form, jede Geste in einem Kunstwerk besitzt Autonomie und wird doch zugleich durch ihre Selbstähnlichkeit in eine Interaktion mit anderen Formen und Gesten des Werkes einbezogen. So entsteht ein Umfeld, das uns ständig zu der Erkenntnis zwingt, daß das Werk lebendig und dynamisch ist. Und wie in jedem einzelnen Käfer oder in jedem Wal die Ganzheit der Natur inbegriffen ist, so schließt eine Symphonie Beethovens mit ihren Stimmungen und Rhythmen gleichfalls jene Ganzheit ein, zu der auch wir gehören.

Könnte uns eines Tages eine Formel oder ein Algorithmus, eine mächtige und zugleich subtile Rückkoppelungs-Gleichung in die Lage versetzen, Reflektaphern mit der richtigen Distanz, der richtigen Harmonie von Ähnlichkeit und Verschiedenheit hervorzubringen? Zwei Schweizer Wissenschaftler entwickelten einen fraktalen Algorithmus, in dem der *New York Times* zufolge „mathematische Extrakte der Musik von J. S. Bach als Matrizen dienen könnten, auf deren Grundlage sich neue Kompositionen von Bach-ähnlicher Musik von ‚vergleichbarer Qualität' erzeugen lassen". Die Prämisse dieses Ansatzes ist fragwürdig, denn wenn Bachs Musik mehr als nur selbstähnlich ist – wenn sie also aus Reflektaphern besteht –, muß sehr bezweifelt werden, daß sich trotz allen Reichtums eines fraktalen Algorithmus schöpferisch Vergleichbares hervorbringen ließe. Ein Netzwerk musikalischer Reflektaphern zu schaffen (also ein großes Kunstwerk), erfordert die ständige Beachtung der Funktionsweise des menschlichen Gehirns beim Hören der Komposition. Denn dabei ist jene Harmonie und Dissonanz zwischen den Formen zu finden, die es den seltsamen Attraktoren in den Gehirnen des Künstlers und der Zuhörer ermöglicht, der Gewöhnung zu widerstehen. Es wäre ein Widerspruch in sich zu glauben, daß ein mechanischer, wenn auch nicht voraussagbarer Algorithmus diese außerordentlich komplizierte Aufgabe bewältigen könnte. Wahrscheinlich wäre das Ergebnis eine zwar interessante, letztlich aber leblose Bach-Imitation.

Künstler sind vor allem deshalb Künstler, weil sie die Fähigkeit besitzen, Reflektaphern hervorzubringen, die ihre Sichtweise einfangen – das heißt, sie besitzen die Fähigkeit, ihren einzigartigen Ausblick auf das Ganze in eine konkrete Form (Gemälde, Gedicht, Musik) zu übertragen. (Jeder Mensch hat einen einzig-

Eve Laramée verwendet Kupfer, Salz und Wasser, um ihre Skulpturen herzustellen. Sie erzählt: „Meine Arbeit nimmt Bezug auf die Übereinstimmung von der Natur, dem Menschen und dem Selbst. Sie hat etwas mit natürlichen Prozessen zu tun, die sich mit der Zeit entfalten. Es interessiert mich, die Einflußnahme des Künstlers bis zu einem bestimmten Ausmaß zu beseitigen und es darauf ankommen zu lassen. Ich setze den Rahmen für eine Kollaboration mit der Natur … Meine Skulpturen verkörpern Umweltbedingungen, die den Übergang von Materie in einen anderen Zustand herausgreifen und aufzeichnen. Meine Arbeit erzeugt Überreste oder Spuren, die von Prozessen der Verdampfung, Sedimentation, chemischer Reaktion und Kristallisation herrühren. Sie ist immer im Wandel begriffen" – das heißt, in der Ausbildung fraktaler Muster.

Laramée fügt hinzu: „Für mich sind Ordnung und Chaos Momente eines größeren Kontinuums. Sie sind, wo man sie sucht; in der Kunst verkörpern sie das, was man gestalten will. Für mich sind Ordnung und Chaos keine verschiedenen Dinge, sondern verschiedene Formen einer Gleichheit." Sie betrachtet weder sich als „Fraktalistin" noch ihre Arbeit als „fraktale Kunst". „Ich glaube nicht, daß solch eine Bewegung oder solch ein Stil existiert. Ich denke, daß meine Arbeit die Verbindung oder Reflektapher von Chaos und Fraktalen ist … Ich bin skeptisch gegenüber Künstlern, die eine eigene Bewegung oder Schule erschaffen wollen. Mir erscheint das anmaßend."

artigen Ausblick auf das Ganze, aber nicht jeder bringt Reflektaphern hervor, um diese Perspektive auszudrücken.) Jedes große Kunstwerk ist eine Art Mikrokosmos oder ein Spiegel des Universums. Dies bedeutet, daß der persönliche Ausblick jedes großen Künstlers das Ganze, also das mysteriöse Chaos und die Ordnung des Lebens reflektieren muß.

Die Selbstähnlichkeit der Reflektaphern ist viel reicher als die Selbstähnlichkeit mathematischer Fraktale; sie ermöglicht es jedem Künstler jeder Generation und jeder Kultur, einen einzigartigen Ansatz zu entwickeln. Der flämische Maler Brueghel schuf Reflektaphern aus den selbstähnlichen euklidischen Formen, die er in unterschiedlichen Maßstäben wiederholte und in Landschaften umformte, die zugleich zerklüftet und regelmäßig, symmetrisch und asymmetrisch, aktiv und erstarrt erscheinen. Picasso und Braque erzeugten Reflektaphern, indem sie die Gegenstände in Facetten zerlegten und die Seiten dieser Facetten visuell mitein-

ander verglichen. Die Maler der suprematistischen Schule, 1913 in Rußland von Malewitsch gegründet, brachten große Farbquadrate auf die Leinwand und versuchten, ihre Form, Größe und Farbe so zu bestimmen, daß sie statisch wirkten und doch zugleich den Eindruck hervorriefen, sich von dem Gemälde zu lösen. Dieselbe Form sollte entgegengesetzte Zustände spiegeln.

Jede Künstlergeneration erforscht neue Wege. In manchen Kulturen wandelt sich die Technik zwischen einer Generation und der nächsten nur in Nuancen, so zum Beispiel bei den zarten Veränderungen in der chinesischen Landschaftsmalerei im Verlauf mehrerer Jahrhunderte. In anderen Fällen, wie zum Beispiel in unserer Kultur, werden die Werte der „Originalität" und der Individualität des Künstlers betont, wodurch sich von einer Generation zur anderen erstaunliche Veränderungen ergeben. Denken Sie beispielsweise an den Wandel der Methoden von den Impressionisten zu den Kubisten. Die fraktalistischen Künstler bilden keine Ausnahme (bis auf die Tatsache, daß sie sehr verschieden sind). Hören wir uns an, was der fraktalistische Maler Carlos Ginzburg über seine Ästhetik sagt. Er kommentiert die Bilder der Mandelbrot-Mengen des deutschen Mathematikers Heinz-Otto Peitgen, dessen Buch *The Beauty of Fractals* der prächtigen, „künstlerischen" Bilder wegen allgemein gelobt wurde. Ginzburg betont, daß er und seine Künstlerkollegen etwas ganz anderes suchen. „Wir wollen", erklärt er, „die Schönheit der ‚Kitsch-Fraktale' der ‚Schönheit der Fraktale' von Dr. Peitgen gegenüberstellen. Wenn wir Peitgens Leistungen nicht übertreffen können, ist die fraktale Kunst nichts weiter als eine Art ‚wissenschaftliches Fertigprodukt' von sehr geringem Interesse. Die strukturelle Schönheit der Fraktale Peitgens besteht in ihrer perfekten Gestalt, in ihrer inneren Harmonie, ihrer großartigen Instabilität und in der Tatsache, daß sie gänzlich neue Formen darstellen, daß sie eine reine Erfindung aus dem Mandelbrotschen Geist sind. Diese Art von Fraktalen gehört in die Renaissance; sie bieten ein höchst traditionelles Konzept der Schönheit, oder allenfalls ein modernistisches Schönheitskonzept. Doch heute steht fest, daß die bildende Kunst dieses Konzept Anfang des 20. Jahrhunderts, spätestens aber nach 1960 verwarf."

Ginzburgs Plädoyer für „Kitsch-Fraktale" ist nicht einfach exzentrisch; wie jeder andere Künstler versucht er vielmehr, uns das Geheimnis des Lebens nahezubringen. Er ruft neue Reflektaphern hervor und verleiht alten Reflektaphern neue Inhalte. So versucht die Kunst in jeder Generation, den einzigartigen Geist der Zeit mit einem ursprünglichen, mysteriösen Verständnis zu füllen, das tiefer liegt als das Chaos.

CODA: LEBEN MIT UNVORHERSAGBAREN FORMEN

Jedenfalls bin ich der festen Meinung, daß hinter der Watte
[des Tagesablaufs] ein Plan versteckt ist, daß wir – ich meine,
wir Menschen – damit in Zusammenhang stehen,
daß die ganze Welt ein Kunstwerk ist; daß wir alle Teile
dieses Kunstwerks sind.

—VIRGINIA WOOLF, Eine Skizze der Vergangenheit;
in: *Augenblicke. Skizzierte Erinnerungen.*

Künstler erfassen intuitiv den Grundgedanken der Fraktale und des Chaos, und in ihrer ästhetischen Reaktion auf die neue Wissenschaft liegt möglicherweise deren wahre Bedeutung. Was immer die Erforschung der Fraktale und des Chaos hinsichtlich praktischer Anwendungen bringen mag, besteht das vielleicht wichtigste Geschenk dieses Ansatzes in der Möglichkeit, unsere Sichtweise der Natur radikal zu verändern. Fraktale besitzen die Kraft, uns bei der Veränderung unserer Wertvorstellungen auf jenen Gebieten zu helfen, von denen letztlich unser Überleben auf diesem Planeten abhängt. Die Ästhetik, bei der es um unsere Empfindung der Harmonie in der Natur geht, ist zu einer todernsten Beschäftigung geworden.

Es stellt sich die Frage: Wollen wir eine Welt bewohnen, die (wie wir lange Zeit glaubten) von leblosen, mechanisch interagierenden und mechanischen Gesetzmäßigkeiten unterworfenen Fragmenten geformt wird, die nur darauf warten, von uns wieder zusammengefügt und beherrscht zu werden? Oder wollen wir die in Fraktalen und Chaos sichtbar werdende Welt bewohnen, die lebt, schöpferisch tätig und diversifiziert ist, weil ihre Bestandteile einig und untrennbar sind und aus einer Unvorhersagbarkeit entstehen, die letztlich außerhalb unserer Kontrolle liegt?

Der Unterschied zwischen diesen beiden Weltbildern könnte nicht deutlicher sein. Jemand hat einmal erklärt, die Sklaverei der alten mechanistischen Ästhetik nähre heute den Verdacht, daß Ordnung, zumindest die von der Menschheit praktizierte Ordnung, in Wirklichkeit zu Unordnung führe. Von der Politik bis zur Wissenschaft scheint die Menschheit ihre eigene, größte Bedrohung zu sein. Jede Problemlösung scheint wieder ihre eigenen Probleme hervorzurufen. Werden geordnete Reihen genetisch gezüchteter Bäume als Ersatz für die von holzverwertenden Unternehmen gefällten Wälder angepflanzt, trägt dies zur Zerstörung der neuen Pflanzen bei, weil diese Kulturen für Schädlingsbefall und Krankheiten anfälliger sind und weil viele Arten ausgerottet werden. Durch den Dammbau am Nil sollen Überschwemmungen verhindert und elektrische Energie erzeugt werden; die Folge ist jedoch auch, daß die Böden der flußabwärts gelegenen Gebiete austrocknen und der Salzgehalt des Wassers steigt. Der Psychoanalytiker John R. Van Eenwyk, ein Anhänger Jungs, erklärt: „Früher glaubte man, das Chaos unterminiere die Ordnung. Heute wird auch die Ordnung selbst für schuldig befunden. Ist die Wissenschaft irgendwie hinter den Spiegel geschlüpft?"

Viele Wissenschaftler fühlen sich zu der neuen (und vielleicht ursprünglichen) Ästhetik hingezogen, die in diesem Buch beschrieben wurde. Der Museumskurator und Kunstkritiker Klaus Ottmann schreibt diese Anziehungskraft der Tatsache zu, daß die Wissenschaftler schon seit langem nach der Freude dürsteten, die sie bei der ungehinderten Beschäftigung mit den visuellen Dimensionen ihrer Arbeit mit der Natur empfinden. Alle Wissenschaftler, deren Bilder hier gezeigt werden, entdeckten diese Freude bei ihren Arbeiten zur Erforschung des Chaos und der Fraktale. Mehrere Wissenschaftler, wie beispielsweise die Neurowissenschaftler Paul Rapp und Gottfried Mayer-Kress, wurden durch ihre Forschungen sogar zur Zusammenarbeit mit Künstlern angeregt. Mandelbrot schloß sich 1990 mit dem Komponisten und Pulitzer-Preisträger Charles Wuorinen zusammen, um eine Multimedia-Show zu entwickeln und im New Yorker Lincoln Center aufzuführen.

Morris Berman fordert in seinem Buch *Die Wiederverzauberung der Welt* eine Ästhetik, die unsere Wissenschaft (also unsere Kenntnis der Welt) in Kunst verwandeln könnte. In der Ästhetik der Fraktale und des Chaos scheint diese Möglichkeit angelegt. Es erfordert jedoch Abenteuerlust und einen gewissen Mut, diese Herausforderung anzunehmen. So müßten wir auch den absoluten Glauben an unsere Fähigkeit aufgeben, die Umwelt zu kontrollieren („Die Wissenschaft wird uns retten"), und statt dessen unser Leben auf Formen gründen, die dem Prinzip der Unvorhersagbarkeit entspringen. Dies bedeutet auch, daß wir uns eine gewisse Bescheidenheit hinsichtlich unserer Stellung im Kosmos aneignen müßten.

Es besteht jedoch auch die ernsthafte Gefahr, daß sich das Konzept der Fraktale und des Chaos in eine differenziertere – und sogar totalitäre – Version unseres alten mechanistischen Weltbildes verwandelt. Die Fähigkeit der Chaosforscher, mit Hilfe einfacher Formeln auf dem Computerbildschirm Komplexität zu erzeugen, könnte sie zu der Annahme verleiten, daß die Menschheit tatsächlich Komplexität kontrollieren und die dynamischen Kräfte der Natur beherrschen könnte. Gerade diese Hybris verführte uns aber zu der fünfhundertjährigen Orgie, in deren Verlauf die Natur unterjocht wurde, um sie unseren vorgefaßten Meinungen anzupassen. Wir vereinfachten unsere Welt so sehr, daß sie zu existieren aufhörte. Die Anthropologen behaupten, wir hätten während einer Phase des Wandels von der mündlichen zur schriftlichen Kultur gelernt, die Realität zu vereinfachen, um sie aufzeichnen zu können. Heute jedoch steht uns mit dem Computer ein Instrument zur Verfügung (ironischerweise dasselbe Instrument, mit dem die Fraktale und das Chaos entdeckt wurden), das diese gewaltige Komplexität erfassen kann. Man könnte verführt werden zu glauben, in den Schaltkreisen des Computers hätten wir den Schlüssel zur Schöpfung gespeichert.

Diese Gefahr besteht wirklich. Im Oktober 1991 wurde in einem Artikel der *Science Times* ein Experiment beschrieben, in dem nachgewiesen wurde, daß Ökosysteme naturgemäß dem Chaos unterworfen sind. Ein Forscher stellte fest, die Entdeckung des Chaos widerlege die alte Vorstellung, daß sich die Natur „im Gleichgewicht" befinde. Er folgerte: „Die Position, wir müßten nur diese [ökologischen] Systeme sich selbst überlassen und alles wäre okay, verliert jetzt ihre Grundlage. Wir müssen erst einmal begreifen, wie sich diese Systeme verhalten.

Erst dann *können wir Menschen entscheiden, was wir wollen und wie wir sie angemessen einsetzen"* (Hervorhebung nachträglich). Dieser Wissenschaftler scheint an einem ganz entscheidenden Punkt das Konzept des Chaos nicht begriffen zu haben – zumindest den philosophischen Aspekt. Fraktale und Chaos zeigen uns den inhärenten Wert des Lebens in einer Welt, die die Grenzen unserer Kontrollmöglichkeiten überschreitet. Eine solche Welt bereichert und belebt unseren Wissensdurst und erhöht unsere Ehrfurcht, und aus diesem Grunde sprechen Künstler auf diese Gedanken intuitiv an.

Vielleicht müssen wir alle irgendwann Künstler und Chaosforscher werden, um diese Welt zu retten.

DANK

Mein größter Dank gilt den vielen Personen, die für dieses Buch die Illustrationen zur Verfügung stellten. Sie sind im Abschnitt „Mitwirkende Personen und Institutionen" aufgelistet. Geduldig und zuverlässig versorgten sie mich mit Informationen und wunderbaren Bildern. Mehrere Personen waren mir bei der Suche nach Fraktal-Künstlern behilflich: Denis Arvay von IBM, Yorktown Heights, New York; Cliff Pickover, ebenfalls IBM Yorktown, der nicht nur großartige Verbindungen, sondern auch herausragende Fraktale herstellen kann; Professor Milton Van Dyke, Department of Mechanical Engineering, Stanford University, und der fraktalistische Maler Carlos Ginzburg, der ebenfalls über großartige Verbindungen verfügt. Dank schulde ich auch dem Kunstkritiker Klaus Ottmann für seine begeisterte Unterstützung, Mark Eustis von der Earth Observation Satellite Company in Lanham, Maryland, und Douglas Smith, Direktor des Museum of Science in Boston, der uns nicht nur beriet, sondern uns auch lehrte, Video-Chaos zu fotografieren. Ich danke meinen Kollegen von der Western Connecticut State University, den Professoren Hugh McCarney (dem es gelang, das Video-Chaos zu filmen), Margaret Grimes, Bill Quinell, Kalpataru Kanungo und Susan Maskel, die dem Projekt ihr Interesse und ihre Unterstützung entgegenbrachten.

Karen Holden vom Verlagshaus Simon and Schuster verdanke ich den Anstoß, ein Buch über Fraktale zu verfassen. Heidi von Schreiner übernahm das Projekt bei Touchstone und begleitete es mit viel Sachverstand, Wohlwollen und Langmut (danke, Heidi). Bonni Leon schulde ich Dank, daß sie trotz meiner seltsamen Zumutungen das Buch wunderbar gestaltete und bis zum Ende mitwirkte, ohne ihren neuen Sohn zu vernachlässigen. Besonders herzlich danke ich meiner Assistentin Kristina Masten für die vielen Stunden, die sie für die Nachforschungen opferte; ohne ihre Arbeit hätte dieses Buch nicht entstehen können. Ebenso herzlich danke ich Carol Zahn für die Nachforschungen zu Beginn des Projekts, durch die mir viele Quellen von Fraktalen erschlossen wurden. Ich danke David Peat für seine Bereitschaft, das Manuskript zu redigieren, und spreche ihn von jeder Verantwortung für die in dem Buch möglicherweise enthaltenen Irrtümer frei. Wie immer danke ich meiner Frau Joanna, die meine Launen und langen Arbeitsstunden bei der Abfassung des Manuskripts ertrug. Und nicht zuletzt verdanke ich es der Beharrlichkeit und erzieherischen Wirkung meiner Agentin Adele Leone, daß das Projekt zum Abschluß geführt werden konnte. Benoît Mandelbrot danke ich für seine Ratschläge zu Beginn des Projekts – und für die Entdeckung der Fraktale.

MITWIRKENDE PERSONEN UND INSTITUTIONEN

Juan Acosta-Urquidi ist Mitarbeiter im Department of Ophthalmology, University of Washington, Seattle, Washington.

Das **American Museum of Natural History** befindet sich am Central Park West, 79th Street, New York City.

Peter Anders arbeitet als Architekt bei Kiss Cathcart Anders in New York City.

Jenifer Bacon ist Grafikerin und lebt in Irvine, Kalifornien. Sie arbeitete mit Gottfried Mayer-Kress an Computerbildern des Chaos.

Otto Baitz ist Fotograf für Architektur und Innenarchitektur in Red Bank, New Jersey.

Per Bak ist Wissenschaftler am Brookhaven National Laboratory, Department of Physics, Upton, New York.

Michael Barnsley ist Physiker am Georgia Institute of Technology und Gründer des Unternehmens Iterated Systems, Inc. in Norcross, Georgia.

Michael Batty ist Professor für Geographie an der State University of New York, Buffalo.

Edward Berko arbeitet als Künstler in New York City.

Pieter Brueghel der Ältere (um 1525/30–1569) war ein flämischer Maler.

Christopher Burke arbeitet als Fotograf bei Quesada/Burke in New York City.

Scott Burns ist Assistenzprofessor für Ingenieurwissenschaft an der University of Illinois, Urbana-Champaign.

Joe Cantrell lehrt Fotografie am Pacific Northwest College of Art in Portland, Oregon.

Loren Carpenter arbeitet als Animation Scientist bei Pixar in Richmond, Kalifornien.

The Collection of Historical Scientific Instruments, eine Sammlung historischer wissenschaftlicher Instrumente, befindet sich im Science Center der Harvard University, Cambridge, Massachusetts.

Lilia Ibay de Guzman ist Studentin am USDA/ARS, Honey-Bee Breeding, Genetics and Physiology Research, Baton Rouge, Louisiana.

Die **Earth Observation Satellite Company** befindet sich in Lanham, Maryland. Die Gesellschaft ist für den US LANDSAT Remote Sensing Satellite sowie für die weltweite Vermarktung und den Verkauf der LANDSAT-Daten zuständig.

Die **Fidia Research Laboratories** befinden sich in Abano Terme, Italien.

Mike Field ist Professor für Mathematik an der Sydney University, Australien.

Deborah R. Fowler ist Doktorandin an der University of Regina in Kanada.

Walter J. Freeman ist Mitarbeiter am Department of Physiology-Anatomy der University of California, Berkeley.

Norma Fuller ist Doktorandin an der University of Regina in Kanada.

Carlos Ginzburg ist fraktalistischer Maler und lebt in Paris.

Tiana Glenn arbeitet als Video-Produzentin am Boise Inter-Agency Fire Center.

Das **Goddard Space Center** befindet sich in Greenbelt, Maryland.

Ary Goldberger, M. D., ist Assistenzprofessor für Medizin an der Harvard Medical School, Direktor der Abteilung für Elektro-Kardiographie und einer der Direktoren des Arrhythmia Laboratory, Cardiovascular Division, Beth Israel Hospital in Boston, Massachusetts.

Joseph H. Golden ist Meteorologe am Office of the Chief Scientist der National Oceanic and Atmospheric Administration in Washington, D.C.

Martin Golubitsky ist Professor am Department of Mathematics der University of Houston.

Celso Grebogi ist Professor am Laboratory for Plasma Research, University of Maryland, College Park, und Mitglied der University of Maryland Chaos Group.

Owen Griffin forscht am Naval Research Laboratory in Washington, D.C.

Margaret Grimes ist Professor am Art Department der Western Connecticut State University. Sie stellt ihre Gemälde in der Blue Mountain Gallery in New York City aus.

David B. Grobecker ist Wissenschaftlicher Direktor des GAIA Marine Institute in Kailua-Kona, Hawaii.

James Hanan ist Doktorand an der University of Regina in Kanada.

M. B. Hautem ist Fotograf und Maler und lebt in Paris.

Daryl Hepting studiert an der University of Regina in Kanada.

John A. Hoffnagle arbeitet als Physiker bei IBM Research in San Jose, Kalifornien.

Katsushika Hokusai (1760–1849) war ein japanischer Maler und Drucker. Er wird zu den sechs großen Meistern des Ukiyo-E gerechnet und gilt als Begründer jener Schule der Landschaftsmaler, die die letzte Phase dieser Kunstform beherrschten.

Lawrence Hudetz ist Fotograf und lebt in Portland, Oregon.

Eugenia Kalnay ist Leiterin der Development Division of the National Oceanic and Atmospheric Administration, National Meteorological Center, Washington, D.C.

Nancy Knight ist Wissenschaftlerin am National Center for Atmospheric Research/National Science Foundation, Boulder, Colorado.

E. L. Koschmieder gehört zur Fakultät der University of Texas am Austin's College of Engineering and Center for Statistics and Thermodynamics.

Kamala Krithivasan ist Professor am Indian Institute of Technology in Madras, India.

Robert Langridge arbeitet im Computer Graphics Laboratory, University of California.

Eve A. Laramée ist Künstlerin und wohnt in New York.

William Latham ist Künstler, wird von IBM gefördert und arbeitet im UK Scientific Center in Winchester, Hampshire.

John Lewis forscht im Bereich der Computergrafik beim NEC Research Institute in Princeton, New Jersey.

Aristide Lindenmayer war Professor und Leiter der Abteilung für theoretische Biologie, Universität Utrecht, Niederlande. Er starb 1989.

Edward Lorenz arbeitet als Meteorologe im Center for Meteorology and Physical Oceanography des Massachusetts Institute of Technology.

David Malin arbeitet im Anglo-Australian Observatory, Epping Laboratory, Epping, Australien.

Mario Markus ist Physiker am Max-Planck-Institut für molekulare Physiologie in Dortmund.

Gottfried Mayer-Kress forscht im Bereich der nichtlinearen Dynamik am Santa Fe Institute.

William A. McWorter Jr. ist Professor am Mathematics Department der Ohio State University.

Paul Meakin ist Wissenschaftler an der Central Research and Development Department Experimental Station der E. I. DuPont de Nemours and Company, Inc., Wilmington, Delaware.

Mark Meier arbeitet am Institute of Arctic and Alpine Research der University of Colorado, Boulder.

Nachumae Miller ist Maler und lebt in New York City.

Mark Moore arbeitet im Northwest Avalanche Center in Seattle, Washington.

Steven D. Myers arbeitet in der Mesoscale Air-Sea Interaction Group der Florida State University, Tallahassee.

Die **National Aeronautics and Space Administration** (NASA) startete die Sonde *Voyager I*, die 1979 und 1980 an den Planeten Jupiter und Saturn vorbeiflog, sowie *Voyager II*, die 1979 am Jupiter, 1981 am Saturn und 1986 am Uranus vorbeiflog.

Das **National Cancer Institute** befindet sich in Bethesda, Maryland.

Die **National Optical Astronomy Observatories** befinden sich in Tucson, Arizona.

Das **National Severe Storms Laboratory** befindet sich in Norman, Oklahoma.

Michael Norman ist Astrophysiker am Los Alamos National Laboratory. Er nutzte den Supercomputer der University of Illinois, Urbana-Champaign, für seine interstellaren Forschungen.

Das **Office National D'Études et de Recherches Aérospatiales** befindet sich in Chatillon, Frankreich.

Peter Oppenheimer arbeitet beim New York Institute of Technology im Computer Graphics Lab.

Clifford A. Pickover ist Mitarbeiter im Thomas J. Watson Research Center der IBM, Yorktown Heights, New York.

David Plummer arbeitet beim National Meteorological Center in Washington, D.C.

Przemyslaw Prusinkiewicz ist Professor am Department of Computer Science der University of Calgary, Alberta, Kanada.

Bill Quinell ist Mitglied des Art Department der Western Connecticut State University.

P. E. Rapp ist Professor am Department of Physiology des Medical College of Pennsylvania.

Rollo Silver ist Herausgeber des Informationsblatts *Amygdala* (das sich mit Fraktalen und der Mandelbrot-Menge befaßt), das in San Cristobal, New Mexico erscheint.

Peter Siver ist Mitarbeiter des Department of Botany am Connecticut College.

Doug Smith entwickelt interaktive wissenschaftliche Demonstrationsverfahren für Technikmuseen im ganzen Land, wobei er Multimedia-Technologie einsetzt. Er lebt in Boston.

Homer Smith ist Mitbegründer von Art Matrix in Ithaca, New York.

Allan Snider ist Student an der University of Regina, Kanada.

Joel Sommeria ist Physiker an der École Normale Supérieure de Lyon, Frankreich.

Harry Swinney ist Professor für Physik am Center for Non-Linear Dynamics der University of Texas, Austin.

Lucinda Tavernise ist freischaffende Illustratorin und lebt in Granville, Massachusetts.

G. J. F. van Heijst ist Professor am Institut für Meteorologie und Ozeanographie der Universität Utrecht, Niederlande.

Manuel G. Velarde ist Professor für Physik an der Universidad Autónoma in Madrid, Spanien.

Andreas Vesalias (1514–1564) war ein belgischer Anatom; er wird als Begründer der modernen Anatomie bezeichnet. Hauptwerk: „De humani corporis fabrica libri septem".

Britony Wells studiert Fotografie an der Western Connecticut State University.

Edward Weston (1886–1957) war ein amerikanischer Fotograf, dessen Werke in mehr als 75 Einzelausstellungen gezeigt wurden. Er war Autor mehrerer Bücher über Fotografie. Seine Werke befinden sich im Center for Creative Photography in Tucson, Arizona.

Arthur Winfree arbeitet am Department of Ecology and Evolutionary Biology der University of Arizona.

Jack Wisdom ist Professor für Physik am Massachusetts Institute of Technology.

Lewis R. Wolberg, M.D., war ein bekannter Psychiater, der in New York City praktizierte, und Autor von *Micro-Art: Art Images in a Hidden World*. Er starb 1988.

Jerome J. Wolken ist Professor am Department of Biological Sciences der Carnegie Mellon University.

VERZEICHNIS DER ABBILDUNGEN

Seite 96, unten: Die Abbildungen stammen von Professor M. G. Velarde (Spanien). Die Bilder erschienen in Milton Van Dyke, *An Album of Fluid Motion*. Stanford, 1982, und in M. G. Velarde und Christiane Normand, „Convection", *Scientific American*, Juli 1980.

Seite 97: Robert Langridge, Computer Graphics Laboratory, University of California, San Francisco, Kalifornien.

Seite 100: Copyright © 1992 Lawrence Hudetz. Alle Rechte vorbehalten.

Seite 101, oben: Nachdruck mit freundlicher Genehmigung der Earth Observation Satellite Company, Lanham, Maryland, USA.

Seite 101, unten: Nachdruck mit freundlicher Genehmigung der Earth Observation Satellite Company, Lanham, Maryland, USA.

Seite 102, oben: Copyright © 1992 Lawrence Hudetz. Alle Rechte vorbehalten.

Seite 102, unten: Copyright © 1992 Lawrence Hudetz. Alle Rechte vorbehalten.

Seite 103: Foto von Joe Cantrell.

Seite 104, oben: Copyright © 1992 Lawrence Hudetz. Alle Rechte vorbehalten.

Seiten 104–105, oben: Copyright © 1992 Lawrence Hudetz. Alle Rechte vorbehalten.

Seite 105, oben: „Tracks in Sand, North Coast, 1937"; Foto von Edward Weston; Copyright © 1981 Center for Creative Photography, Arizona Board of Regents.

Seite 106: Copyright © 1992 Lawrence Hudetz. Alle Rechte vorbehalten.

Seite 108: Foto aus dem Labor von A. T. Winfree, 1978.

Seite 109: Jerome J. Wolken.

Seite 110: National Optical Astronomy Observatories.

Seite 111, oben: Mario Markus, Max-Planck-Institut für molekulare Physiologie, Dortmund.

Seite 111, unten: Dr. Joseph H. Golden, National Oceanic and Atmospheric Administration.

Seite 113, oben: John Briggs.

Seite 113, unten: National Aeronautics Space Administration.

Seite 114: J. Sommeria, S. Myers und H. L. Swinney, University of Texas.

Seiten 116–117: John Briggs; nach einer Videoaufzeichnung von Hugh McCarney.

Seite 118: National Aeronautics Space Administration.

Seite 119: Foto von Joe Cantrell.

Seite 120: C. Pickover, *Computers and the Imagination*. New York, 1991; C. Pickover, *Computers, Pattern, Chaos, and Beauty*. New York, 1990. Alle Rechte vorbehalten.

Seite 121: C. Pickover, *Computers and the Imagination*. New York, 1991; C. Pickover, *Computers, Pattern, Chaos, and Beauty*. New York, 1990. Alle Rechte vorbehalten.

Seite 124: A. Vesalias (1514–1564).

Seite 125, oben: National Cancer Institute.

Seite 125, unten: Fidia Research Laboratories.

Seite 126: Ary L. Goldberger.

Seite 127: Christopher Burke, Quesada/Burke, New York.

Seite 128: Mit freundlicher Genehmigung von Walter Freeman und *Scientific American*.

Seite 129, oben: C. Pickover, *Computers and the Imagination*. New York, 1991; C. Pickover, *Computers, Pattern, Chaos, and Beauty*. New York, 1990. Alle Rechte vorbehalten.

Seite 129, unten: C. Pickover, *Computers and the Imagination*. New York, 1991; C. Pickover, *Computers, Pattern, Chaos, and Beauty*. New York, 1990. Alle Rechte vorbehalten.

Seite 132: Michael Norman, University of Illinois.

Seite 133: NASA-Foto; mit freundlicher Genehmigung von Owen M. Griffin, Naval Research Laboratory, Washington, D.C.

Seiten 134–135, oben: Foto von G. J. F. van Heijst und J. B. Flór, Universität Utrecht, Niederlande.

Seiten 134–135, unten: Office National D'Études et de Recherches Aérospatiales.

Seite 136: Copyright © 1992 Lawrence Hudetz. Alle Rechte vorbehalten.

Seite 139: Nach Jerrold E. Marsden, *Foundation of Mechanics*. Reading, Mass., 1978. Die Illustration wurde von Lucinda Tavernise neu angefertigt.

Seite 140: Michael Barnsley, *Fractals Everywhere*. San Diego, 1988.

Seite 141, oben: Foto von Joe Cantrell.

Seite 141, unten: Homer Smith, Art Matrix.

Seite 142, oben: C. Pickover, *Computers and the Imagination*. New York, 1991; C. Pickover, *Computers, Pattern, Chaos, and Beauty*. New York, 1990. Alle Rechte vorbehalten.

Seite 142, unten: Celso Grebogi, University of Maryland Chaos Group.

Seite 143: Homer Smith, Art Matrix.

Seite 144, links: Homer Smith, Art Matrix.

Seite 144, rechts: C. Pickover, *Computers and the Imagination*. New York, 1991; C. Pickover, *Computers, Pattern, Chaos, and Beauty*. New York, 1990. Alle Rechte vorbehalten.

Seite 145: John A. Hoffnagle.

Seite 150: Scott A. Burns.

Seite 152: Mario Markus, Max-Planck-Institut für molekulare Physiologie, Dortmund.

Seite 153: Mario Markus, Max-Planck-Institut für molekulare Physiologie, Dortmund.

Seiten 154–155: C. Pickover, *Computers and the Imagination*. New York, 1991; C. Pickover, *Computers, Pattern, Chaos, and Beauty*. New York, 1990. Alle Rechte vorbehalten.

Seite 159: Copyright © 1992 Lawrence Hudetz. Alle Rechte vorbehalten.

Seite 160: Copyright © 1992 Lawrence Hudetz. Alle Rechte vorbehalten.

Seite 163: Margaret Grimes.

Seite 167: Carlos Ginzberg.

Seite 168: Edward Berko, Öl auf Holz, 122 cm × 91 cm, Copyright © 1991. Mit freundlicher Genehmigung: Privatsammlung, New York City.

Seite 169: Eine Aufnahme aus *The Conquest of Form*, von William Latham, entstanden im UK Scientific Center der IBM, Winchester, England.

Seite 170: M. B. Hautem.

Seiten 171–172: Architekt: Peter Anders. Fotos: Otto Baitz.

Seite 173: Hokusai; mit freundlicher Genehmigung von John Briggs.

Seite 175: Pieter Brueghel d. Ä., „Die Erntearbeiter". Metropolitan Museum of Art, New York.

Seiten 176–177: Eve A. Laramée.

LEKTÜREEMPFEHLUNGEN

BÜCHER ÜBER FRAKTALE, CHAOS UND DIE ÄSTHETIK DER SELBSTÄHNLICHKEIT FÜR NICHTWISSENSCHAFTLICHE LESER

Briggs, John, und F. David Peat. *Die Entdeckung des Chaos. Eine Reise durch die Chaos-Theorie.* München, Wien, 1990.

Garcia, Linda. *The Fractal Explorer.* Santa Cruz, Calif., 1991.

Gleick, James. *Chaos – die Ordnung des Universums. Vorstoß in Grenzbereiche der modernen Physik.* München, 1988.

McGuire, Michael. *An Eye for Fractals: A Graphic and Photographic Essay.* Redwood City, Calif., 1991.

Peitgen, H.-O., und P. H. Richter. *The Beauty of Fractals: Images of Complex Dynamical Systems.* Berlin, 1986.

Pickover, Clifford A. *Computers, Pattern, Chaos and Beauty: Graphics from an Unseen World.* New York, 1990.

Prigogine, Ilya, und Isabelle Stengers. *Order Out of Chaos: Man's New Dialogue with Nature.* New York, 1984.

Stewart, Ian. *Does God Play Dice: The Mathematics of Chaos.* Cambridge, Mass., 1990.

REGISTER

Kursiv gesetzte Seitenzahlen verweisen auf die Texte zu den Abbildungen.